W0016069

Erde und Mond

Patrick Moore

Erde
und Mond
Patrick Moore
UNITED
STATES
Orbis Verlag

Die englische Originalausgabe erschien im Jahr 1991 unter dem Titel »Exploring the Earth and Moon« im Brian Trodd Publishing House Limited, London

Aus dem Englischen übersetzt von Almut Carstens

Redaktion: Dieter Struss, München
Satz: Filmsatz Schröter GmbH, München
Printed in Italy
ISBN 3-572-00571-X

Titelseite: Astronaut Charles N. Duke jr. salutiert während der Apollo-16-Mission im Jahre 1972 vor der amerikanischen Flagge.

Rechts: Eine Aufnahme von der Mondoberfläche, auf der die zahlreichen Krater zu erkennen sind.

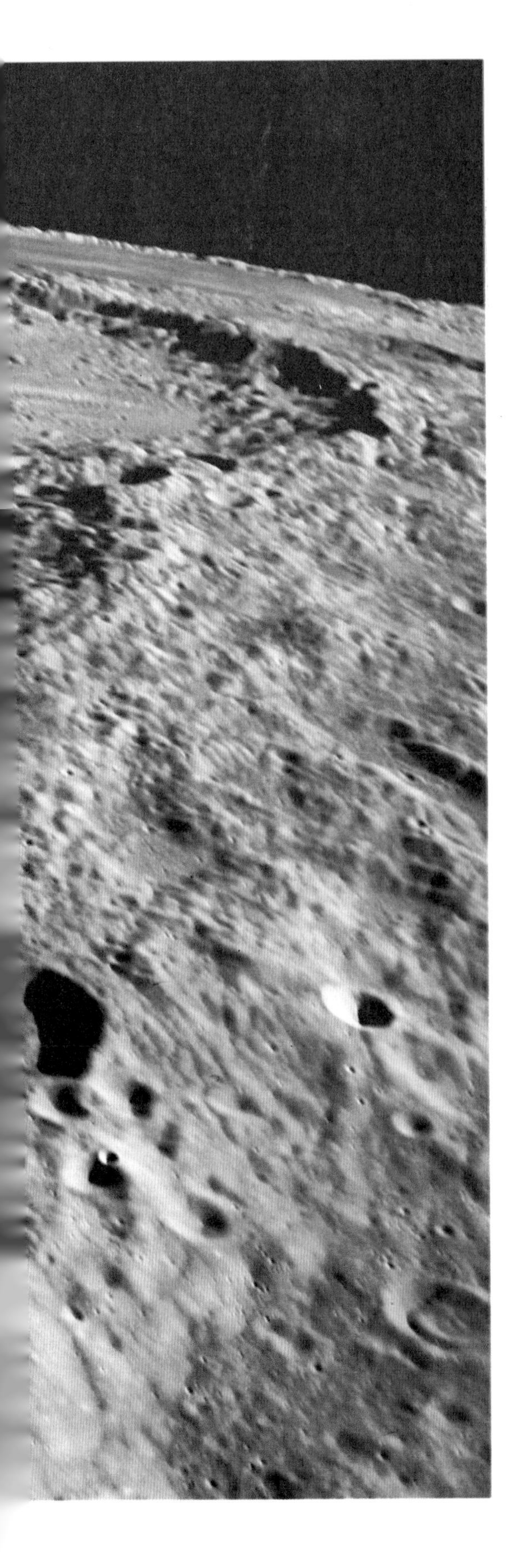

Inhalt

Die Erde im Weltraum	6
Die Entstehung der Erde	14
Die Geschichte der Erde	22
Die Erde als Planet	34
In die Atmosphäre und darüber hinaus	43
Unser Mond	53
Der Mond und die Erde	59
Die Kartographie des Mondes	63
Die lunare Welt	67
Mondflüge	75
Die Mondbasis	82
Die Zukunft der Erde	91
Daten	94
Die Erde	
Der Mond	
Die Planeten	
Register	95
Bildnachweis	95

Die Erde im Weltraum

Eine Meteosat-Aufnahme von der Erde, die den afrikanischen Kontinent deutlich hervortreten läßt.

Wie alt ist die Erde? Wie entstand sie? Welche Bedeutung hat sie im Universum, und wie lange wird sie noch bestehen? War der Mond einst Teil der Erde, und warum gibt es heute dort weder Luft noch Wasser? Dies sind nur einige der Fragen, die sich fast jeder irgendwann einmal gestellt haben wird.

Die Erde ist eine Kugel von nahezu 12880 Kilometer Durchmesser, die sich um die Sonne bewegt. Der Abstand zwischen Erde und Sonne (offiziell als Astronomische Einheit bezeichnet) beträgt ungefähr 150 Millionen Kilometer – was sich nach sehr viel anhört, und das ist es, gemessen an unseren Alltagserfahrungen, sicherlich auch, aber für einen Astronomen, der mit ungeheuren Entfernungen und riesigen Zeitspannen rechnet, ist es nicht weit. Niemand kann diese enormen Zahlen richtig erfassen. Wir können sie nur akzeptieren.

Die Sonne ist ein Stern. Sie ist keineswegs besonders groß; moderne Astronomen weisen ihr sogar den Status eines gelben Zwerges zu, und sie scheint nur deshalb so strahlend bei uns am Himmel, weil sie im kosmischen Maßstab so nahe ist. Viele der in einer klaren Nacht sichtbaren Sterne sind wesentlich größer, heißer und heller als unsere Sonne, jedoch auch wesentlich weiter entfernt. Tatsächlich ist die Entfernung so gewaltig, daß es ebenso unpassend wäre, sie in Kilometern auszudrücken, als würde man die Distanz zwischen London und

New York in Millimetern angeben. Daher benutzen Astronomen als Maßeinheit das Lichtjahr, nämlich die Entfernung, die ein Lichtstrahl in einem Jahr zurücklegt. Da das Licht sich mit etwa 300000 Kilometern pro Sekunde bewegt, entspricht ein Lichtjahr 9460000000000 Kilometern. Selbst der nächste Stern jenseits der Sonne ist über vier Lichtjahre entfernt.

Deshalb sehen die Sterne für uns wie kleine, leuchtende Punkte aus, und ihre Position zueinander verändert sich so langsam, daß ihre Anordnung oder Konstellation etliche Menschenleben lang praktisch dieselbe bleibt. Die Sternbilder, die wir heute erblicken – Orion, den Großen Bären, den Drachen und alle übrigen –, sind im Grunde dieselben, die schon die Pilgerväter, die römischen Kaiser oder sogar die Erbauer der ägyptischen Pyramiden erblickt haben müssen. Unser Sternsystem enthält rund 100000 Millionen Sonnen, und dahinter können wir weitere Galaxien sehen, so daß wir uns das wahrnehmbare Universum ganz unvorstellbar riesig denken müssen.

Unser eigener Teil des Weltraums, unser Sonnensystem, besteht aus einem Stern (der Sonne), neun Planeten und mehreren weniger bedeutenden Himmelskörpern, nämlich den Monden oder Trabanten, den kleineren Planeten oder Asteroiden, den Kometen und Meteoriten. Die neun uns bekannten Planeten gliedern sich deutlich in zwei Gruppen. Zunächst gibt es vier relativ kleine, feste Gebilde: Merkur, Venus, Erde und Mars. Jenseits der Umlaufbahn von Mars liegt ein breiter Gürtel, den Tausende von winzigen Welten, Planetoiden genannt, bevölkern; hinter dieser Zone kommen wir dann zu den vier Riesen Jupiter, Saturn, Uranus und Neptun sowie einem weiteren Zwerg, Pluto, der so etwas wie ein Außenseiter zu sein scheint und in eine Klasse für sich gehört. Man hat heute ernsthafte Zweifel, ob er überhaupt als Planet zu bezeichnen ist.

Die Planeten erzeugen selbst kein Licht, sondern scheinen nur dadurch, daß sie das Licht der Sonne reflektieren. Die ersten fünf sind mit bloßem Auge sichtbar und bereits sehr lange bekannt; schon Jahrhunderte vor Christi Geburt wußten die Griechen alles über ihre Bewegungen (obgleich sie meistens den schweren Fehler begingen, anzunehmen, daß sie sich um die Erde und nicht um die Sonne drehten). Venus und Jupiter sind heller als jeder Stern, für Mars gilt im günstigsten Fall dasselbe, und auch Saturn sticht ins Auge; Merkur hat den Nachteil, sich in der Nähe der Sonne zu befinden, so daß man ihn mit freiem Auge nur sehen kann, wenn er nach Sonnenuntergang niedrig im Westen oder vor Sonnenaufgang niedrig im Osten steht. Drei der weiter entfernten Planeten wurden in jüngster Zeit entdeckt: Uranus 1781, Neptun 1846 und Pluto sogar erst 1930. Uranus kann man ge-

Eine Darstellung von Größe und Maßstab kosmischer Systeme, welche die Lage der Erde nicht nur in unserem Sonnensystem, sondern auch in unserer Galaxis zeigt.

Eine Montage von Photos, aufgenommen von verschiedenen NASA-Weltraumfahrzeugen, bei der die kleineren Planeten und größeren Trabanten des Sonnensystems im selben Maßstab nebeneinandergestellt sind. Io, Europa, Ganymed und Kallisto sind die größten Jupiter-Monde. Titan ist der größte Saturn-Satellit.

rade noch mit unbewaffnetem Auge sehen, wenn man weiß, wo man danach suchen muß, für Neptun und Pluto jedoch benötigt man bereits optische Hilfsmittel.

Die vier großen Planeten sind nicht aus Gestein gebildet. Zweifellos haben sie feste Kerne, aber der Großteil ihrer Masse ist vermutlich flüssig, und umgeben sind sie von einer Gashülle, deren Hauptbestandteil Wasserstoff ist (kaum verwunderlich, da Wasserstoff das häufigste Element im Universum ist). Jeder Planet hat seine speziellen Besonderheiten, und inzwischen sind alle von ihnen außer Pluto von unbemannten Raumfahrzeugen aus geringer Entfernung sondiert worden: auf Venus und Mars haben sogar weiche Landungen stattgefunden.

Eine Luftaufnahme des Wolf-Meteoritenkraters in Westaustralien.

Der Abstand der Planeten zur Sonne reicht von 60 Millionen Kilometer (der Durchschnittswert für Merkur) bis zu 4494 Millionen Kilometer bei Neptun. Ihre Umlaufbahnen sind generell annähernd kreisförmig, wobei Pluto eine Ausnahme ist; Merkur braucht lediglich 88 Erdentage, um einmal um die Sonne zu wandern, Neptun hingegen benötigt dazu fast 165 irdische Jahre. Wie die Erde drehen sie sich um ihre Achse; bei Venus dauert die Rotation am längsten (243 Erdentage), während Jupiter sich in unter zehn Stunden einmal um sich selbst dreht.

Die meisten Planeten sind von Trabanten begleitet. Die Erde hat natürlich auch einen – den uns vertrauten Mond; bei Saturn sind 17 Satelliten bekannt, bei Jupiter 16, bei Uranus 15, bei Neptun acht und bei Mars zwei, und Plutos Begleiter Charon scheint etwa halb so groß zu sein wie Pluto selbst. Nur Merkur und Venus reisen einsam durch den Weltraum.

Die Asteroiden, die sich überwiegend zwischen Mars und Jupiter um die Sonne bewegen, sind relativ klein; allein einer (Ceres) hat einen Durchmesser von 800 Kilometern, und ein anderer (Vesta) ist auch mit bloßem Auge sichtbar. Insgesamt mögen es weit über 40 000 sein, aber es gibt nicht viele Asteroiden mit einem Durchmesser von mehr als ein paar Kilometern. Einige winzige Himmelskörper treten aus dem Hauptschwarm heraus und können dicht an die Erde gelangen, so daß immer die Gefahr eines Aufpralls besteht – in der Tat existiert eine ernstzunehmende Theorie, daß ein Einschlag aus dem Kosmos vor rund 65 000 000 Jahren das Klima auf der Erde derartig veränderte, daß die Dinosaurier, lange Zeit Herren über ihre Welt, den neuen Bedingungen einfach nicht mehr gewachsen waren und ausstarben (hierzu später mehr). Es gibt auch Zusammenstöße mit Meteoroiden, Gebilden aus Gestein, die mit ziemlicher Sicherheit aus dem Asteroidengürtel stammen, so daß wahrscheinlich kaum zwischen einem Meteoroiden und einem

Links: Der Halleysche Komet am 19. Mai 1910, aufgenommen vom Lowell-Observatorium. Das Originalnegativ wurde digitalisiert und durch einen Bildverarbeitungsprozessor koloriert.

kleinen Asteroiden zu unterscheiden ist. Es sind Einschlagkrater bekannt, von denen der berühmteste, der Meteorkrater in Arizona, nahezu 1,6 Kilometer breit ist. Zweifellos wurde er von einem Meteoroiden erzeugt, der sich vor über 20000 Jahren in die Wüste bohrte.

Die unberechenbarsten Angehörigen des Sonnensystems sind die Kometen, die zwar eine spektakuläre Wirkung haben können, aber bei weitem nicht so bedeutsam sind, wie sie aussehen. Die meisten von ihnen bewegen sich mit hoher Exzentrizität um die Sonne, ganz anders als die Planeten. Im wesentlichen ist ein Komet ein Klumpen »verschmutzten Eises«, der nur wenige Kilometer mißt und bei großer Entfernung von der Sonne inaktiv ist; nähert er sich ihr jedoch, beginnt das Eis zu verdampfen und bildet eine Koma, manchmal entwickelt sich ein Schweif. Genauer gesagt, kann es auch mehrere Schweife geben; einige bestehen aus Gas, andere aus »Staub«. Die UV-Strahlung der Sonne regt Moleküle und Ionen des Gases zu Fluoreszenzleuchten an, während die Staubpartikel durch Streuung von Sonnenlicht sichtbar werden. Wissenswert ist außerdem, daß Kometen so weit von der Erde entfernt sind, daß sich ihre Position auf dem Hintergrund der Sterne nur über Stunden hinweg verändert. Wenn man am nächtlichen Himmel also etwas sieht, das sich mit einiger Geschwindigkeit bewegt, ist es mit Sicherheit kein Komet.

Manche Kometen haben Umlaufzeiten von ein paar Jahren, so daß wir immer wissen, wann und wo sie zu erwarten sind, aber die meisten von ihnen leuchten zu schwach, um ohne Teleskop sichtbar zu sein. Bei den wirklich hellen Kometen kann es mehrere Jahrhunderte dauern, bis sie uns mit ihrem Auftauchen überraschen; der letzte Besucher dieser Art war 1976 West's Komet (so genannt, weil ihn der dänische Astronom Richard West entdeckte). Der einzige helle Komet, den wir vorhersagen können, ist der Halleysche Komet, der sich 1986 das letzte Mal der Sonne näherte und 2061 zurückkehren wird – obgleich wir zugeben müssen, daß das Spektakel bei der »vorigen Runde« recht enttäuschend war!

Mit Planeten oder auch größeren Trabanten verglichen, haben Kometen eine sehr geringe Masse. Ob sie für die Geschichte der Erde eine signifikante Rolle gespielt haben oder nicht, ist ungewiß; einige Astronomen sind dieser Meinung, und man hat sogar schon vorgebracht, das Leben wäre mittels eines Kometen auf unsere Welt gelangt.

Wir wollen uns nun unserem treuen Gefährten, dem Mond, zuwenden. Abgesehen von der Sonne, ist er das herausragendste Objekt am Himmel; er beherrscht zu bestimmten Zeiten jeden Monats unsere Nächte, und es fällt gelegentlich schwer zu glauben, daß der Mond ein sehr junger Bestandteil des Sonnensystems ist. Sein Durchmesser beträgt nur 3476 Kilometer, so daß, wenn man sich die Erde als einen Tennisball vorstellt, der Mond nicht größer als ein Tischtennisball wäre. Wie die Planeten

Links außen: Ein mit Langzeitbelichtung aufgenommenes Photo des Kometen Ikeya-Seki aus dem Jahr 1965, einer der wenigen Kometen, die in diesem Jahrhundert mit bloßem Auge zu sehen waren.

Unheimlich illuminiert wird die starre Schönheit der Mondoberfläche auf dieser Aufnahme von Astronaut Harrison Schmitt (Apollo 17), der neben einem Felsblock im Taurus-Littrow-Tal steht.

strahlt er selbst nicht, und seine Oberfläche reflektiert im Durchschnitt lediglich sieben Prozent des auf ihn fallenden Sonnenlichtes, so daß er als kosmischer Spiegel sehr ineffizient ist. Sein mittlerer Abstand zur Erde beträgt kaum mehr als 400000 Kilometer, was weniger als das Zehnfache der Länge unseres Äquators ist, und er hat eine Umlaufzeit von 27,3 Tagen.

Obgleich so eng miteinander verbunden, sind Erde und Mond ganz unterschiedlich, hauptsächlich deshalb, weil der Mond weitaus kleiner ist. Wenn man die Erde in eine von zwei riesigen Waagschalen legt, braucht man 81 Monde, um ein Gleichgewicht zu erhalten. Das bedeutet, daß die Schwerkraft des Mondes viel geringer ist als die der Erde und er daher eine etwaige Atmosphäre, die er vielleicht einmal hatte, nicht festhalten konnte (ein Punkt, auf den ich noch zurückkommen werde). Der heutige Mond ist ohne Luft, Leben und Wasser, mit knochentrockenen Lava-Ebenen, die wir fälschlich immer noch »Meere« nennen, Bergen, Tälern, Hügelketten und Abertausenden von kreisförmigen Gebilden, die, wie wir wissen, Krater sind. Dennoch, so kümmerlich der Mond auch sein mag, besitzt er doch eine erhebliche Substanz. In unserem Sonnensystem gibt es vier Trabanten – drei in Jupiters und einer in Saturns Gefolgschaft –, die größer sind als der Mond, aber sie alle umlaufen riesige Welten, so daß es alles in allem vielleicht zutreffender ist, das Paar Erde-Mond als Doppelplaneten zu klassifizieren, denn als Planeten und seinen Begleiter.

In einer Hinsicht ist die Erde in diesem Sonnensystem einzigartig: nur sie ist für Lebewesen unserer Art geeignet. Von den übrigen ist Venus zu heiß und hat die falsche Atmosphäre; Mars hat ebenfalls eine unpassende Atmosphäre und ist unangenehm kalt; Merkur und die meisten Satelliten der anderen Planeten besitzen gar keine Atmosphäre, die Riesenplaneten nicht einmal feste Oberflächen. Überdies gibt es keinen Grund zu der Annahme, daß die Bedingungen auf der Erde sich in Zukunft ändern werden, jedenfalls für lange Zeit nicht, so daß wir auf ihr eine gute Heimat haben – wenn wir auch nicht besonders sorgsam mit ihr umgehen!

Der Traum, auf den Mond zu gelangen, ist jahrhundertealt, aber erst in unserer Epoche wurde er Wirklichkeit. Dennoch hat der Mond nichts von seiner Romantik verloren.

Die Mondfähre von Apollo 11 bei ihrem Aufstieg am 21. Juli 1969, photographiert aus dem Mutterschiff. Die Mondkoordinaten sind 102° östlicher Länge und 1° nördlicher Breite.

Die Entstehung der Erde

Rechts außen: Die thermonuklearen Reaktionen, die permanent auf der Sonne stattfinden, kann man auf der Erde bei der Detonation einer Wasserstoffbombe in einer Kurzfassung nachvollziehen.

Unten: Der Eta-Carinae-Nebel liegt im hellsten Teil der Milchstraße. Er enthält eine große Anzahl junger, heißer Sterne, die sich in dieser Gaswolke aus Wasserstoff (und etwas Helium) herausbilden. Die Sonne ist möglicherweise aus einem ähnlichen Nebel entstanden.

Bevor wir die Entstehung der Erde erörtern, müssen wir zeitlich noch weiter zurückgehen und uns ansehen, wie das Universum selbst entstand. Offen gesagt, weiß dies niemand. Wir können lediglich feststellen, daß es der modernen Theorie zufolge in einem bestimmten Moment vor 15000 Millionen bis 20000 Millionen Jahren mit einem »Urknall« seinen Anfang nahm. Wie das genau vor sich ging, ist ein völliges Rätsel, und ebensowenig wissen wir, wo dieser »Urknall« stattfand. Wenn Raum, Zeit und Materie im selben Augenblick entstanden, ist es nur recht und billig zu sagen, daß sich der »Urknall« überall ereignete.

Zunächst war das Universum sehr klein und unglaublich heiß, aber sobald es Gestalt angenommen hatte, begann es zu expandieren und Galaxien hervorzubringen. Innerhalb der Galaxien bildeten sich Sterne, und das Weltall fing an, eine erkennbare Form zu erhalten. Manche Sterne waren kurzlebig, explodierten schon bald und streuten ihre Materie in den Weltraum. Aus dieser versprengten Materie entstanden andere Sterne, von denen einer unsere Sonne war, die vermutlich ca. 5000 Millionen Jahre alt ist.

Die Sonne ist gasförmig. Sie ist so groß, daß sie mehr als das Millionenfache des Erdvolumens umfaßt, und erzeugt ihre eigene Energie, und zwar nicht, indem sie »brennt« wie ein Kohlenfeuer, sondern durch Umwandlungen, die tief in ihrem Innern ablaufen. In der Nähe ihres Kerns beträgt die Temperatur mindestens 14000000 °C, und der Druck ist enorm. Ein Großteil der Sonnenkugel besteht aus Wasserstoff (der, wie bereits erwähnt, das bei weitem häu-

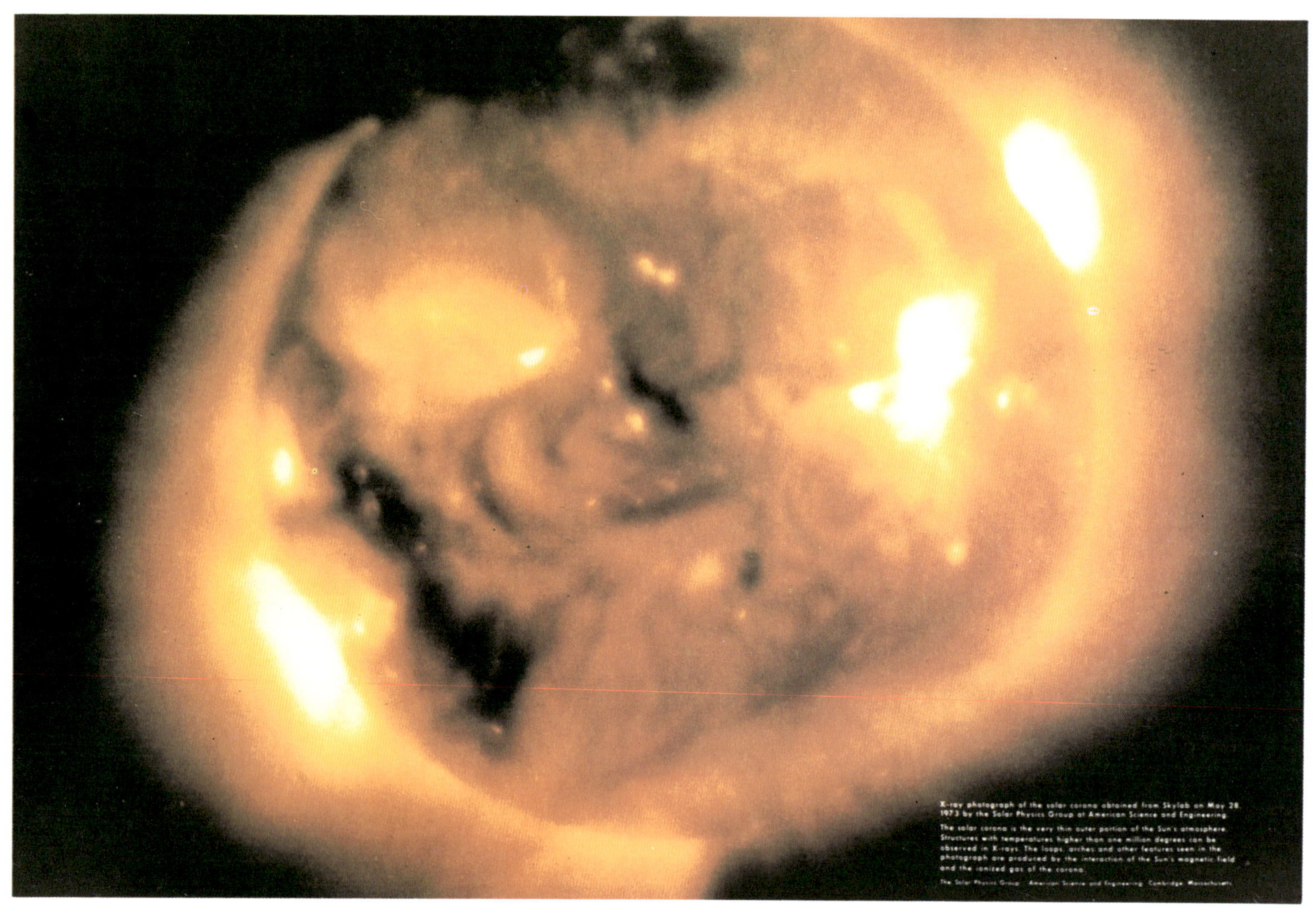

Mit Röntgenteleskop aufgenommenes Bild von der Sonne. Deutlich sichtbar ist die Korona, die heiße, äußere Schicht der Sonnenatmosphäre. Die Aufnahme entstand von Skylab aus.

figste Element ist), und nahe ihrem Mittelpunkt wandelt sich der Wasserstoff in Helium, ein anderes Element, um. Vier »Anteile« Wasserstoff sind nötig, um einen »Anteil« Helium zu produzieren, und jedes Mal, wenn dies geschieht, wird bei einem gleichzeitigen Verlust an Masse etwas Energie frei. Diese Energie bewirkt die Sonnenstrahlung, während der Masseverlust über 4000 Millionen Kilo in der Sekunde ausmacht. Die Sonne »wiegt« jetzt viel weniger als zu dem Zeitpunkt, als Sie dieses Buch aufschlugen.

Ihre Masse ist jedoch so enorm, daß der Wasserstoffvorrat, der ihr zur Verfügung steht, mehrere tausend Millionen Jahre reichen wird, bevor er allmählich aufgebraucht ist. Wir können auch ausrechnen, wie lange dieser Prozeß schon im Gange ist. Die Sonne muß älter sein als die Erde, und wir sind uns darin einig, daß die Erde selbst seit über 4000 Millionen Jahren bestehen dürfte. Der genaueste Wert, der sich bis heute ermitteln läßt, liegt bei 4600 Millionen Jahren, obgleich niemand vorgeben könnte, es handele sich dabei um eine präzise Zahl.

Es gibt verschiedene Methoden, das Alter der Erde zu bestimmen. Eine davon greift auf das bekannte Phänomen der Radioaktivität zurück. Gewisse schwere Elemente verändern sich ohne äußere Beeinflussung konstant, darunter Uran, das langsam zu Blei zerfällt. Wir kennen die Geschwindigkeit des Zerfalls sowie den Unterschied zwischen Uran-Blei und normalem Blei, so daß wir, wenn wir beide Substanzen nebeneinander finden, sagen können, wie lange der Prozeß schon andauert. In einigen Felsen entdecktes Uran weist darauf hin, daß sie in manchen Fällen

Künstlerische Darstellung der Entstehung des Sonnensystems aus einer Staub- und Gaswolke durch Accretion.

über 3000 Millionen Jahre alt sein müssen. Dadurch erhalten wir gleichzeitig eine Untergrenze für das Alter der Erde, weil sie in ihrer Frühgeschichte noch nicht so fest war, daß sich Gestein hätte bilden können.

Auch aus dem Studium von Fossilien, der sogenannten Paläontologie, läßt sich eine Menge lernen. Fossilien sind die versteinerten Überreste von Pflanzen und Tieren; es gibt davon zahlreiche Arten (selbst eine grobe Klassifikation würde etliche Seiten einnehmen), und man kann sie datieren. Manche Fossilien sind weit über 500 Millionen Jahre alt.

Heute erscheint dies alles als ganz selbstverständlich, aber es existierte auch immer ein starker Widerstand gegen die Theorie einer sehr alten Erde. Die meisten Einwände beriefen sich auf die Bibel, indem man behauptete, alles sei bereits in der Genesis zusammengefaßt: Gott schuf die Welt in sieben Tagen, und mehr sei nicht hinzuzufügen. Auf dieser Grundlage meinte der irische Erzbischof James Ussher im 17. Jahrhundert, die Welt sei genau um zehn Uhr morgens am 26. Oktober 4004 v. Chr. erschaffen worden. Später wurde sogar angedeutet, Fossilien seien göttliche Erzeugnisse zur Täuschung neugieriger Wissenschaftler.

An Charles Darwins Buch »Über die Entstehung der Arten«, 1859 veröffentlicht, entzündete sich ein weiterer wütender Streit. Hart angegriffen wurde es von der Kirche, weil Darwin – zu Recht – behauptete, Menschen und Tiere hätten dieselben Vorfahren (was keineswegs heißt, der Mensch stamme vom Affen ab; diese These vertrat Darwin nie). Trotz aller Beweise ließ sich nicht jedermann überzeugen. 1925 verklagte der Staat Tennessee den Lehrer Thomas Scopes, der gewagt hatte, den »Darwinismus« zu verteidigen, und das Gesetz, das die Evolutionstheorie als Unterrichtsstoff verbot, wurde in Tennessee erst 1967 abgeschafft. Ein anderer Fall von Strafverfolgung in ihrer brutalsten Form ereignete sich in jüngster Zeit. Der bekannte sudanesische Biologe Professor Farouk Mohamed Ibrahim wurde 1990 in Khartoum verhaftet und gefoltert, weil seine Evolutionslehre die religiösen Führer des Islam beleidigte.

Es kann keinen Zweifel geben, daß die Sonne die Mutter der Erde und der anderen Planeten ist. Die erste wirklich wissenschaftliche Theorie über den Ursprung des Sonnensystems publizierte 1796 der französische Astronom Laplace. Seiner sogenannten »Nebular-Hypothese« zufolge verdichtete sich die

Oben: Computergraphik, die zeigt, wie ein vorbeiwandernder Stern eventuell ein längliches Stück Materie von der Sonne ablöste, aus dem später durch Verdichtung die Planeten entstanden.

Rechts außen: Der Trifid-Nebel M 20. Unsere Sonne entstand aus einer ähnlichen Gaswolke wie dieser. 40 000 Lichtjahre entfernt, enthält er genügend Gas, um Tausende von Sternen hervorzubringen.

Sonne langsam aus der im Weltraum verstreuten Materie. Bei diesem Prozeß stieß sie Ringe ab, aus denen sich wiederum die einzelnen Planeten bildeten. Das klang recht einsichtig, aber Mathematiker fanden daran ernsthafte Fehler, und so geriet sie in Vergessenheit, obgleich man inzwischen zu einer nicht unähnlichen zurückgekehrt ist.

Ein anderer, bis vor knapp 50 Jahren populärer Gedanke war der einer »unheimlichen Begegnung« zwischen der Sonne und einem vorbeiziehenden Stern. Man behauptete, dieser Stern hätte sich der Sonne genähert und dabei riesige Flutwellen auf ihr erzeugt, so daß sich ein längliches Stück Materie aus der Sonnenoberfläche löste; während der Wanderer weiterzog, sei diese Materie um die Sonne gewirbelt und in Tropfen zerfallen, aus denen sich jeweils ein Planet gebildet hätte. Es wurde darauf hingewiesen, daß die herausgerissene Materie zigarrenförmig gewesen sei, und daß die massereichsten Planeten, Jupiter und Saturn, sich im mittleren Teil des Sonnensystems befinden, wo auch der dickste Teil der Zigarre gewesen wäre.

Sir James Jeans war ein Verfechter dieser Theorie, aber auch an ihr entdeckten Mathematiker so viele Schwächen, daß sie ebenfalls fallengelassen wurde. Dasselbe Schicksal widerfuhr Sir Fred Hoyles Behauptung, die Planeten wären aus einem Begleitstern der Sonne entstanden, der explodiert sei und aus dessen Trümmern sie sich geformt hätten.

In modernen Theorien ist kein Platz mehr für einen Begleitstern, explodierend oder nicht. Es scheint sich so zugetragen zu haben, daß bei der Verdichtung der jugendlichen Sonne eine riesige Staub- und Gaswolke – ein »Solarnebel« – entstand, die sich zu einer rotierenden Scheibe abflachte. Regionen größerer Dichte begannen, sich unter dem Einfluß der Schwerkraft zu »Klumpen« zusammenzuballen, und sobald ein solcher »Klumpen« genügend Masse hatte, konnte er Materie von außen anziehen, so daß sich also die Planeten durch sogenannte Accretion herausbildeten, während aus dem zentralen Teil des Solarnebels die heutige Sonne wurde. In der Nähe der neuentstandenen Sonne war die Hitze intensiv, und sehr leichte Elemente wie Wasserstoff und Helium wurden abgetrieben; in größerer Entfernung waren die Temperaturen niedriger, so daß die Planeten sehr viel mehr Wasserstoff aufsammeln und festhalten konnten.

Diese Theorie ist in vielerlei Hinsicht überzeugend. Sie erklärt, warum die Großplaneten soviel Wasserstoff enthalten, und auch, wieso sich die Planeten in derselben Richtung und auf nahezu derselben Bahnebene um die Sonne bewegen, so daß man, würde man einen Plan des Sonnensystems flach auf einen Tisch zeichnen, nicht sehr falsch liegen würde. Die bei der Planetenentstehung »übriggebliebene« Materie existiert jetzt in Form von Asteroiden, Kometen und Meteoroiden sowie einer überraschend großen Menge interplanetaren »Staubs«.

Die Veränderung unserer Weltsicht hat eine sehr wichtige Konsequenz. Sterne sind im Weltraum weit gestreut; der nächste, Proxima Centauri am Südhimmel, ist über vier Lichtjahre entfernt (das entspricht etwa 38 Millionen Kilometer), und es gibt nicht viele Sterne, die in einer Reichweite von weniger als einem Dutzend Lichtjahre liegen. Wäre Jeans' Theorie korrekt gewesen, müßten Sonnensysteme in der Galaxis eine Seltenheit sein, denn Fast-Zusammenstöße zwischen zwei Sternen sind höchst ungewöhnlich; es wäre dann sogar möglich, daß das Planetensystem unserer Sonne das einzige wäre. Dem gegenwärtigen Wissensstand zufolge sind Planetensysteme jedoch wahrscheinlich sehr ver-

Rechts: Ein eindrucksvolles Photo von Phobos vor dem Hintergrund des Mars.

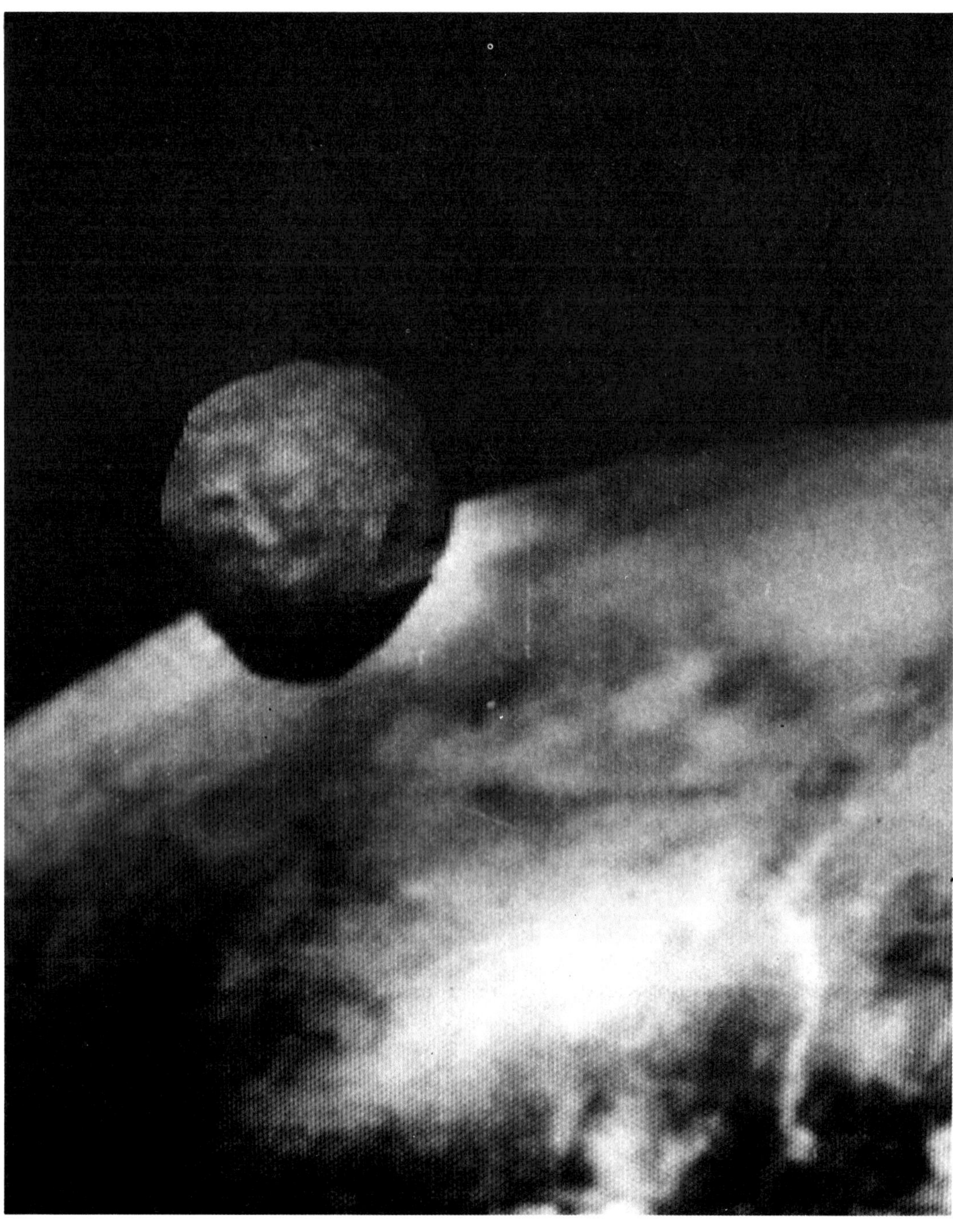

Gegenüberliegende Seite links: Die größte aller Mondproben, mitgebracht von Apollo 15. Es ist ein Basaltbrocken mit einem Gewicht von 9613,7 g.

Gegenüberliegende Seite rechts: Sir George Darwin, der Sohn von Charles Darwin, vertrat die Theorie über die Entstehung des Mondes, nach der ein Mutterkörper durch Rotation zunächst eiförmig und dann hantelförmig wurde, bis sich der Mond schließlich als eigenständiger Körper abspaltete.

breitet. Die Sonne ist ein ganz normaler Stern, und es gibt keinen Grund zu der Annahme, daß ihr System in irgendeiner Weise etwas Besonderes wäre.

Die größeren Monde der Planeten entstanden vermutlich durch einen gleichartigen Prozeß, obgleich einige der kleineren Trabanten unterschiedlich sind; die zwei winzigen Begleiter von Mars zum Beispiel, Phobos und Deimos, messen nur wenige Kilometer und könnten ehemalige Asteroiden sein, die zu nahe an den Mars gerieten. Unser Mond allerdings ist vielleicht ein Sonderfall.

Sir George Darwin, dem Sohn von Charles Darwin, zufolge waren Mond und Erde einst ein Körper, der sich schnell um seine Achse drehte. Bei der Rotation nahm er zunächst Ei- und dann Glühbirnenform an; schließlich brach der »Hals« der Glühbirne ab, und der Mond wurde ein eigenständiges Gebilde, das sich jedoch nie ganz von der Anziehungskraft der Erde befreien konnte. Es bewegte sich langsam immer weiter weg, bis es seine heutige Position erreicht hatte. Der amerikanische Astronom W. H. Pickering glaubte sogar, daß die tiefe Schramme, die jetzt der Pazifik ausfüllt, die Stelle anzeigt, an der sich der Mond ablöste.

Auch dies klingt überzeugend, ist aber, daran besteht wenig Zweifel, falsch. Der Pazifik spielt hierbei mit Sicherheit keine Rolle, denn wenn wir uns die Erde als einen Tennisball vorstellen, so entspricht seine Tiefe nicht einmal der Dicke einer Briefmarke. Wieder haben die Mathematiker eingegriffen und so viele Schwächen in der gesamten Theorie aufgedeckt, daß sie allgemein aufgegeben wurde. Es gibt mehrere Modifikationen, in denen etwa von einem gewaltsamen Zusammenstoß mit einem umherschweifenden Himmelskörper die Rede ist; oder: der Mond wäre einst ein selbständiger Planet gewesen, der nach einer Annäherung an die Erde in ihren Bannkreis geriet; alles in allem scheint es jedoch einsichtig, daß Erde und Mond gleichzeitig aus demselben Teil des Solarnebels entstanden. Der Unterschied zwischen beiden liegt ausschließlich in der geringeren Masse des Mondes. Außerdem konnten wir inzwischen das Mondgestein analysieren, das die Astronauten mitgebracht haben, und es bestätigte sich, daß der Mond wie die Erde rund 4600 Millionen Jahre alt ist.

Die Geschichte der Erde

Ein Vulkanausbruch auf der Insel Karkar, Papua-Neuguinea. Die bei solchen Eruptionen ausgestoßenen Gase bildeten die Atmosphäre in der Frühzeit der Erde.

Über die Anfänge der irdischen Geschichte wissen wir längst nicht so viel, wie wir gern wollten, denn bis wir zu der Zeit kommen, in der sich Gestein bildete, das wir datieren können, haben wir relativ wenig Anhaltspunkte. Zumindest steht fest, daß die junge Erde heiß war und lange brauchte, um abzukühlen, vor allem, da radioaktive Elemente beim Zerfall zusätzlich Hitze abstrahlen. Wir sind uns auch sicher, daß die ursprüngliche, überwiegend aus Wasserstoff bestehende Atmosphäre verlorenging. Die Temperatur war zu hoch für den Wasserstoff, so daß er in den Weltraum entwich und die Erde eine Zeitlang ohne Atmosphäre war.

Aufgrund vulkanischer Tätigkeit dauerte dieser Zustand aber nicht an. Aus den Gasen und Dämpfen, die aus dem Erdinnern hochstiegen, entstand eine neue Atmosphäre, die »Luft«, die wir heute atmen, obgleich sich ihre Zusammensetzung seitdem verändert hat. Insbesondere enthielt die »neue« Atmosphäre wenig freien Sauerstoff, hingegen große Mengen des schweren Gases Kohlendioxyd. (Wenn wir uns per Zeit-

maschine um, sagen wir, 500 Millionen Jahre zurückversetzen würden, könnten wir nicht atmen.) Später, als auch zu Lande Pflanzen wuchsen, wurde alles anders: Pflanzen nehmen Kohlendioxyd auf und geben Sauerstoff ab, so daß die Atmosphäre allmählich einzuatmen war.

Die Ozeane formten sich ebenfalls in einem frühen Stadium, und möglicherweise gab es eine lange anhaltende Regenperiode. Erst als ausreichend Oberflächenwasser vorhanden und die Temperatur genügend gesunken war, konnte Leben entstehen. Und hier kommen wir zu einem weiteren Problem, das noch zu lösen ist: wann und wie begann das Leben genau?

Ebenso, wie wir nichts Definitives über den Urknall sagen können, sind wir nicht in der Lage, den Ursprung des Lebens zu erklären. Wir wissen, woraus Lebewesen bestehen, und wir haben entdeckt, daß sie alle auf ein bestimmtes Element, nämlich Kohlenstoff, angewiesen sind; man kann wohl sagen, daß dem uns vorliegenden Material zufolge jegliches Leben im Universum auf Kohlenstoff basiert, also nichts vollkommen Fremdartiges sein dürfte, obwohl es ganz anders aussehen kann als alles, was wir auf der Erde vorfinden. (Man bedenke, daß das Leben viele Formen annehmen kann; zwischen einem Menschen und einem Ohrwurm besteht nicht viel Ähnlichkeit – und doch haben beide Kohlenstoff als Basis.) Es ist außerdem klar, daß belebte Materie aus unbelebter Materie entstand. Wir sind bisher nicht in der Lage, künstlich Leben zu produzieren, und werden es vielleicht nie sein, aber die Natur schaffte es, und die meisten Wissenschaftler meinen, das Leben hätte vor gut 500 Millionen Jahren in den warmen Meeren angefangen. Zu Beginn des Kambriums existierten bereits zahlreiche primitive marine Lebewesen, deren Fossilien wir identifizieren können.

Nicht jeder war mit diesem Szenario einverstanden. Anfang dieses Jahrhunderts behauptete der schwedische Chemiker Svante Arrhenius, dessen Arbeiten ihm immerhin einen Nobelpreis einbrachten, das Leben wäre nicht hier entstanden, sondern mittels eines Meteoroiden auf die Erde gelangt. Diese Theorie wurde nie populär, weil nicht leicht einzusehen ist, wie Leben in einem kleinen Stein- oder Eisenklumpen auftauchen und überleben konnte, kürzlich jedoch im Prinzip von Sir Fred Hoyle und seiner Kollegin Chandra Wickramasinghe wiederbelebt, die annehmen, das Leben wäre nicht mit einem Meteroiden, sondern mit einem Kometen auf die Erde gekommen.

Die Erde ist ein unruhiger Ort. Die

Oben: Der erste freie Sauerstoff auf der Erde wurde vermutlich von Bakterien erzeugt. Diese Stromatoliten in Shark Bay, Westaustralien, sind Kolonien von Zyanobakterien, Nachkommen jener Sauerstofferzeuger. Die Bakterien sondern außerdem Schlämmkreide ab und verfestigen sich. Derartige Kolonien können bis zu 3000 Millionen Jahre alt sein.

Links: Ein Fragment des Meteoriten, der 1966 im englischen Barwell einschlug.

»Rauchende Klippen«, Halemaumau-Krater, Hawaii. Ähnliche Umweltbedingungen herrschten, als die Erde sich abkühlte und erste Lebensformen entstanden.

Konturen von Landmassen und Meeren verändern sich langsam, aber drastisch; Berge wachsen, während andere durch Erosion eingeebnet werden, und außerdem haben wir mit Vulkanausbrüchen und Erdbeben zu rechnen. Das Klima wandelt sich ebenfalls. Das Ende der Eiszeit, in der die Welt wesentlich kälter war als heute, liegt erst etwa 10 000 Jahre zurück. Wir können uns zwar ein einigermaßen gutes Bild von der Entwicklung der letzten 600 Millionen Jahre machen, doch je weiter wir in die Vergangenheit blicken, desto unsicherer werden wir.

Um die Langsamkeit der Veränderungen aufzuzeigen, wollen wir einmal das Alter der Erde – rund 4600 Millionen Jahre – mit einem Jahr gleichsetzen, so daß ihr Entstehungsdatum der 1. Januar wäre. Die ersten Monate dieses Jahres sind ohne jedes Leben, und erst Anfang Mai tauchen primitive Lebewesen im Meer auf. Viel geschieht dann nicht, bis es fast Winter ist; die ersten Fische gibt es am 20., die ersten Lebewesen zu Lande am 30. November. Reptilien erscheinen am 7. Dezember auf der Szene und die frühesten Säugetiere am 15. Dezember, aber was ist mit dem Menschen? Die ersten menschenähnlichen Kreaturen tauchen nicht vor dem 31. Dezember um 17 Uhr nachmittags auf, und der heutige Mensch (Homo sapiens) hält am selben Tag um 23 Uhr abends seinen Einzug, so daß wir auf der geologischen Zeitskala Neulinge sind. Computerexperten mögen sich nun daran machen und ausrechnen, wann die Schlacht von Hastings gefochten wurde oder wann Christoph Kolumbus zu seiner Entdekkungsfahrt aufbrach!

Geologen gliedern die Geschichte der Erde in Ären und Perioden, die sie mit einiger Genauigkeit datieren können, wenn auch nicht ganz präzise. Vielleicht ist es hilfreich, den »geologischen Ablauf« auf einer Tabelle darzustellen:

Es gibt noch andere Klassifikationssysteme. Das Karbon wird in den USA oft noch ins Mississippi (vor 340 bis 300 Millionen Jahren) und ins Pennsylvania (vor 300 bis 260 Millionen Jahren) unterteilt; Eozän, Oligozän, Miozän und Pliozän faßt man zum Tertiär zusammen, aber diese ungefähre Richtschnur soll uns zunächst genügen. Also sehen wir, was wir daraus erfahren.

Das Präkambrium ist wegen fehlender Fossilien wenig erforscht, jedoch gibt es – überraschenderweise – Anzeichen dafür, daß Eiszeiten vorkamen oder zumindest Abschnitte relativer Kälte. Erst im Kambrium, das vor knapp 600 Millionen Jahren begann, finden wir eine große

Periode	Anfang	Ende	Entwicklung
	(in Millionen Jahren)		
		PRÄKAMBRIUM	
	4600	590	Kaum Fossilien. (Der weiter als 2500 Millionen Jahre zurückliegende Zeitraum wird auch als Archaikum bezeichnet.)
		PALÄOZOIKUM (Erdaltertum)	
Kambrium	590	480	Primitive Meereslebewesen
Ordovizium	480	435	Erste Fische
Silur	435	405	Erste Landpflanzen
Devon	405	340	Erste Amphibien
Karbon	340	260	Üppige Vegetation auf den Kontinenten Bildung von Kohlelagern
Perm	260	225	Reptilien dominieren. Großes »Aussterben« zahlreicher Pflanzen- und Tierspezies.
		MESOZOIKUM (Erdmittelalter)	
Trias	225	180	Große Reptilien zu Lande und zu Wasser. Erste Dinosaurier
Jura	180	130	Zeitalter der Dinosaurier. Primitive Vögel; erste Kleinsäugetiere
Kreide	130	65	Erste Vegetation »neuzeitlichen« Typs. Bäume, gezähnte Vögel. Am Ende der Kreide Verschwinden der Dinosaurier.
		KÄNOZOIKUM (Erdneuzeit)	
Eozän	65	55	Zunahme von Säugetieren; erste Primaten. Blühende Pflanzen
Oligozän	55	38	Große Säugetiere; Primaten; Vögel und Pflanzen von neuzeitlichem Typ.
Miozän	38	27	Wale, Affen, Säbelzahnkatzen.
Pliozän	27	2	Tiere neuzeitlichen Typs
		QUARTÄR	
Pleistozän	2	10000 Jahre	Menschen. Letzte Eiszeit
Holozän	10000 Jahre	jetzt	Kultur

Links: Fossile Überreste des Pterodactylus, eines großen, fliegenden Reptils, das vor 140 bis 65 Millionen Jahren (Jura-Kreide) seine Blütezeit hatte.

Verbreitung von Lebewesen. Außerdem scheinen die Ozeane in großem Umfang vorgedrungen zu sein, so daß weite, flache, warme Meere entstanden. Trilobiten – ovale, vielbeinige Meereslebewesen – bevölkerten die Gewässer und starben nicht vor Ende des Perm aus.

Das Ordovizium war durch eine anhaltende Ausbreitung des marinen Lebens gekennzeichnet, wobei Trilobiten immer noch sehr zahlreich waren; die ersten Fische tauchten auf, und es kam zu einem wiederkehrenden Vordringen und Zurückweichen der Ozeane sowie zu beträchtlichen vulkanischen Aktivitäten. Am Ende des Ordoviziums fand wiederum eine Eiszeit statt, die bis ins Silur hinein andauerte, in dem die ersten Pflanzen die Kontinente besiedelten. In der nächsten Periode, dem Devon, schwärmten Fische in den Meeren und auch im Süßwasser, während sich zu Lande die Pflanzen weiter entwickelten – vor allem Farne, die sehr groß wurden und regelrechte Farnwälder bildeten. Rötliche Erde ist charakteristisch fürs Devon, das nach der englischen Grafschaft Devonshire benannt wurde.

Über das Karbon wissen wir erheblich mehr, weil damals die Kohlelager entstanden. Riesige Baumfarne und Schachtelhalme bedeckten die Landmassen; Insekten, etwa Libellen, flogen in den urzeitlichen Wäldern umher, und die ersten Amphibien erschienen. Die Weltkarte war völlig anders als heute. Es gab mehrere gewaltige Kontinente, deren ausgedehntester, Gondwanaland, im Süden lag, während die Ozeane im allgemeinen flach waren, und es kam erneut zu einer Eiszeit. Durch die Ausbreitung der Vegetation veränderte sich die Atmosphäre, obgleich sie nach wie vor viel mehr Kohlendioxyd und viel weniger freien Sauerstoff enthielt als die Luft, die wir jetzt atmen.

Links außen: Fossilien früher mariner Lebewesen namens Dactylioceren aus dem Jura.

Rechts außen: Dieser Farnwald auf Hawaii unterscheidet sich nur wenig von den Wäldern des Mesozoikums, das vor 65 Millionen Jahren endete.

Unten: Im Perm waren die meisten Landmassen der Erde in einem Superkontinent, heute als Pangaea bezeichnet, zusammengefaßt.

In der letzten Periode des Paläozoikums, dem Perm, wuchsen die meisten Landmassen zu einem Superkontinent zusammen, der bei Geologen Pangaea heißt. Die Kältezeit, die am Ende des Karbons begonnen hatte, hörte auf; die Trilobiten verschwanden, und die ersten Reptilien zeigten sich und lösten damit die Amphibien als fortgeschrittenste Lebewesen auf der Erde ab. Außerdem fand ein Ereignis von ungeheurer Bedeutung statt – eine große »Ausrottung«, bei der rund 30 Prozent der Pflanzen- und Tierspezies ausstarben. Sie war offenbar schwerwiegender als der später erfolgende Untergang der Dinosaurier.

Wir kommen nun zum Mesozoikum oder Erdmittelalter, das sich in drei Perioden gliedert: Trias, Jura und Kreide. Insgesamt dauerte es rund 150 Millionen Jahre, und in dieser Zeit blieb der Superkontinent Pangaea mehr oder weniger intakt, wenn er sich auch in Form und Größe geringfügig veränderte. Farne, Schachtelhalme und Koniferen bedeckten das Land, und Amphibien waren zahlreich, inzwischen jedoch von den Reptilien überflügelt worden – schließlich ist das Mesozoikum vor allem das Zeitalter der Dinosaurier.

Obgleich die Dinosaurier schon so lange verschwunden sind, faszinieren sie uns immer noch; wer hat sich nicht in Museen ihre Skelette angesehen? Manche von ihnen waren in der Tat furchteinflößend. Der fleischfressende Tyrannosaurus zum Beispiel hatte einen über einen Meter langen Schädel und war mit einem Gebiß bewaffnet, das wohl seinen meisten Feinden den Garaus gemacht haben dürfte. Beim »Gehen« benutzte er nur seine Hinterbeine – die Vorderbeine waren zu kurz – und erreichte eine Größe von fast sechs Metern. Andere Fleischfresser waren kaum weniger eindrucksvoll, aber man vergißt gelegentlich, daß es auch Dinosaurier gab, die harmlose Vegetarier waren. Dazu gehörten Brontosaurus und Diplodocus, so riesig und unbeholfen, daß sie wahrscheinlich überwiegend in Sümpfen lebten und es wohl recht beschwerlich gefunden hätten, sich auf trockenem Land zu bewegen. Der größte Dinosaurier dieser Art

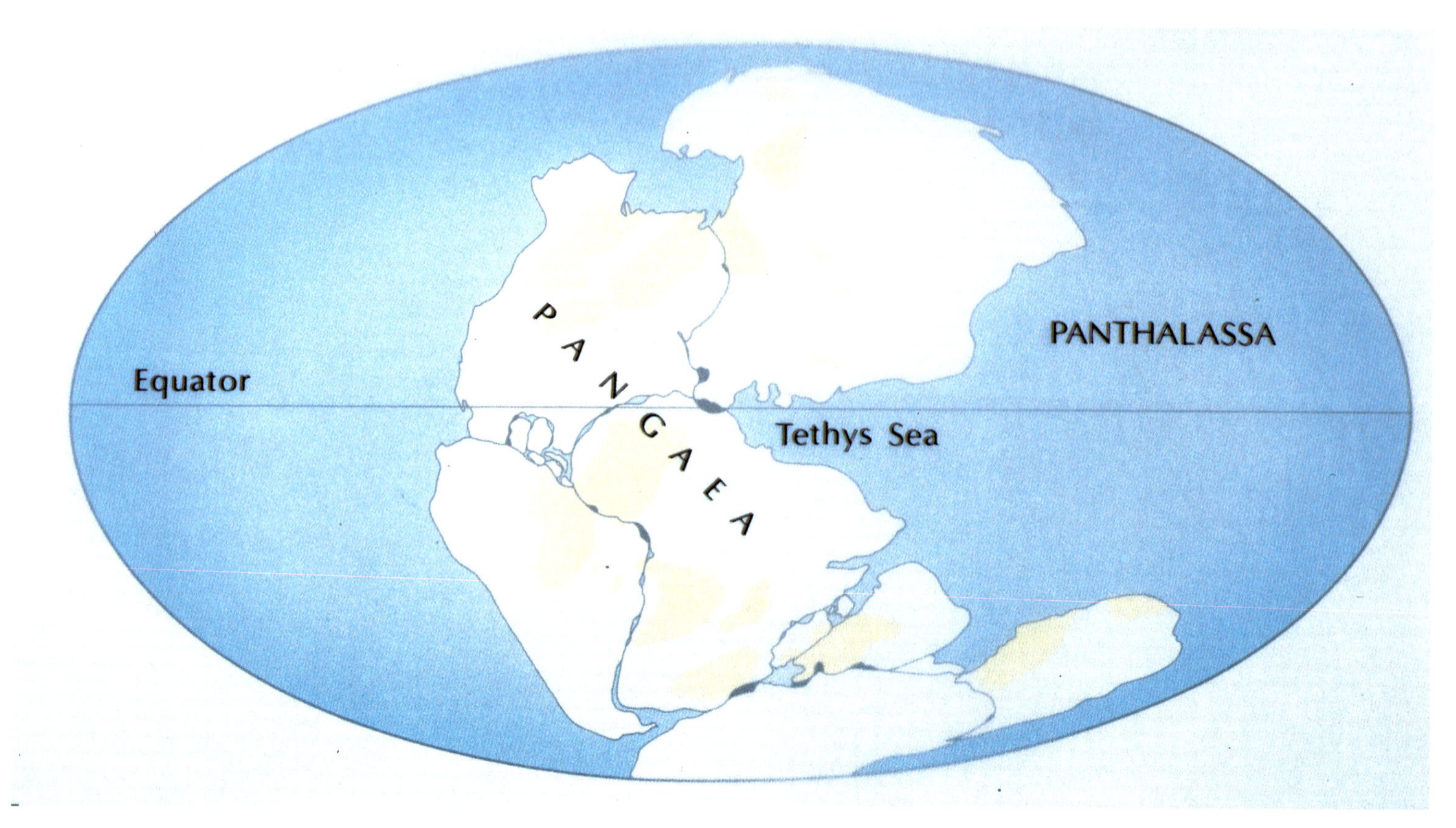

Tod der Dinosaurier. Künstlerische Impression eines Tyrannosaurus-Rex-Paares, das einem globalen Winter erliegt, der durch den Aufprall eines Kometen auf die Erde ausgelöst wurde.

Rechts außen: Der Mendenhall-Gletscher, Juneau, Alaska. Während der Eiszeit reichten Gletscher wie diese weit in die USA hinein, in England bis zum heutigen Standort Londons.

war der Brachiosaurus, der vom Kopf bis zum Schwanz bis zu 27 Meter messen konnte und etwa 50 000 Kilogramm wog. Seine Vorderbeine waren lang und sein Hals nach oben gereckt, so daß er, wenn man ihn in eine Londoner oder New Yorker Straße versetzen könnte, keine Schwierigkeiten hätte, seinen Kopf durch ein Bürofenster im dritten Stock zu stecken. Es gab einige Saurier, die Pterodactylen, die fliegen oder zumindest in der Luft gleiten konnten; es gab Ichthyosaurier und Plesiosaurier, die sich ausschließlich im Meer aufhielten. Insgesamt waren die Dinosaurier das ganze Mesozoikum hindurch die Herren der Erde. Ihre Blüte hatten sie im Jura; gegen Ende der Kreide existierten bereits kleine Säugetiere und primitive Vögel wie der Archaeopteryx.

Dann – ganz plötzlich, vor etwa 65 Millionen Jahren – verschwanden die Dinosaurier, und die Umwelt veränderte sich drastisch. Warum?

Vielleicht hatten die Dinosaurier einfach die Grenzen ihrer Entwicklung erreicht und waren als Spezies »verschlissen«. Andererseits hätte auch ein geringfügiger Klimawandel genügen können, sie zum Untergang zu verdammen; ihre Leiber mögen groß gewesen sein, ihre Gehirne dagegen nicht – man sagt, Dinosaurier wären nicht einmal so intelligent gewesen wie heutige Katzen, aber diese Behauptung ist unmöglich zu beweisen und könnte irreführend sein. Es gibt jedoch auch eine ernstzunehmende Theorie, die zum ersten Mal 1980 von Luis Alvarez formuliert wurde, daß nämlich die Dinosaurier infolge des Einschlags eines großen Meteoroiden oder Asteroiden ausgestorben wären, der mindestens zehn Kilometer Durchmesser gehabt hätte. Dadurch wäre laut Alvarez nicht nur ein riesiger Krater, sondern auch eine Staubwolke entstanden, die um die ganze Erde wirbelte und damit das Sonnenlicht ausschloß, so daß die Erde eine Zeitlang ein recht finsterer Ort war.

Die Dinosaurier waren nicht die einzigen Opfer. Viele andere Pflanzen- und Tierspezies starben zur selben Zeit aus, und es kam tatsächlich zu einer »Ausrottung«, die der früheren des Perm ähnlich war. Obwohl es Anzeichen gibt, die für Alvarez' Theorie sprechen – vor allem eine erstaunliche Menge des Elements Iridium in Gestein, das auf die späte Kreide datiert wird; Iridium kommt oft in Meteoroiden vor –, ist sie keineswegs bewiesen. Andere Forscher glauben, daß die Dinosaurier nicht in einem oder zwei Jahren, sondern im Laufe von Jahrtausenden verschwanden. In diesem Fall würde die Kollisionstheorie nicht zu den Fakten passen. Die Wahrheit erfahren wir vielleicht nie, aber von unserem Standpunkt aus ist es eigentlich gut, daß die Dinosaurier ausstarben; erst danach konnten sich Säugetiere entwickeln – und wenn das nicht geschehen wäre, wären Sie und ich jetzt nicht hier.

Im Tertiär, das mit dem Tod der Dinosaurier begann und vor nur zwei Millionen Jahren endete, nahmen Flora und Fauna langsam ihre heutige Form an. Viele damalige Säugetiere hinterließen offenkundige Abkömmlinge, andere dagegen starben aus. Die kleinen, auf Bäumen lebenden Primaten des Eozäns entwickelten sich zu Affen, einige von ihnen zu »Affenmenschen«, und schließlich gelangen wir zum *Homo sapiens* oder modernen Menschen. Das Klima war jedoch alles andere als beständig, und das ganze Pleistozän, in dem der Mensch zur vorherrschenden Spezies wurde, war von wiederkehrenden Kälteperioden be-

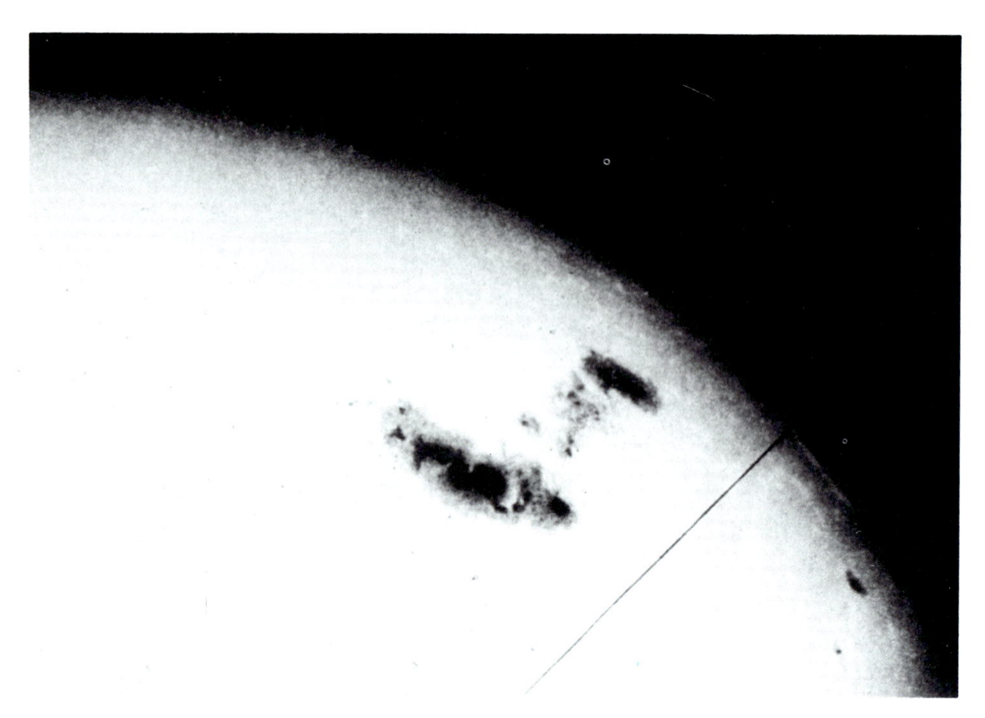

Oben: Die Sonnenflecken von 1947, die größten, die je verzeichnet wurden.

stimmt. Die Eiszeit fing vor etwa 2400000 Jahren an und endete erst vor 10000 Jahren. Die Temperatur war nicht konstant niedrig – zwischendurch gab es wärmere Perioden oder Interglaziale –, aber auf dem Höhepunkt des letzten Glazials, vor rund 18000 Jahren, waren die Eismassen tatsächlich gewaltig. Sie bedeckten zum Beispiel einen Großteil der heutigen Vereinigten Staaten, ebenso Skandinaviens und, von den Alpen aus, Deutschlands.

Dem jugoslawischen Wissenschaftler Milutin Milankovich zufolge entstehen Eiszeiten durch geringe Abweichungen in der Umlaufbahn der Erde um die Sonne und eine veränderte Neigung ihrer Rotationsachse, aber auch andere Faktoren mögen hinzukommen – so können wir etwa leichte Variationen in der Strahlungsenergie der Sonne nicht ausschließen. Überdies wissen wir, daß die Sonne ein im gewissen Umfang verän-

Rechts: Die Alpen im französischen Rhône-Tal falteten sich auf als Ergebnis der allmählichen Nordwärtsdrift des afrikanischen Kontinents gegen den europäischen.

derlicher Stern ist. Ungefähr alle elf Jahre ist sie sehr aktiv und weist zahlreiche sogenannte Sonnenflecken auf; zu anderen Zeiten treten sie eventuell gar nicht in Erscheinung. Ob das Ausmaß der Sonnentätigkeit einen direkten Effekt auf unser Wetter hat oder nicht, ist nicht klar, aber mit Sicherheit existieren längere Wärme- und Kälteperioden. Zwischen 1645 und 1715 gab es fast keine Sonnenflecken, der reguläre Elfjahreszyklus war also unterbrochen – und diese Jahre waren ungewöhnlich kalt und wurden gelegentlich spaßhaft als Kleine Eiszeit bezeichnet; die Themse fror in den 1680ern regelmäßig zu, und man hielt Frostjahrmärkte darauf ab. Es besteht jedoch ein deutlicher Unterschied zwischen kurzfristigem »Wetter« und längerfristigem »Klima«, und wir müssen unvoreingenommen sein. Es ist sogar möglich, daß wir uns jetzt in der Mitte eines Interglazials befinden, was hieße, daß die richtige Eiszeit noch gar nicht vorüber ist.

1912 publizierte Alfred Wegener in Deutschland seinen ersten Artikel, der sich mit der sogenannten Theorie der Kontinentalverschiebungen befaßte. Grob gesagt, behauptete er, die Landmassen »schwämmen« buchstäblich auf dem Erdinnern, und es gäbe mehrere genau umgrenzte Kontinental-»Schollen«, die sich aufeinander zubewegen und manchmal kollidieren können. Er wies darauf hin, daß sich die heutigen Kontinente zusammensetzen lassen; die »Ausbuchtung« von Südamerika zum Beispiel paßt fast genau in die »Höhlung« von Afrika.

Jahrelang wurde Wegener ignoriert (wahrscheinlich, weil er Meteorologe und kein Geologe war), aber seit 1960 existieren überzeugende Beispiele für die Kontinentaldrift, und keiner bezweifelt sie mehr. Wir können sogar weit zurückliegende Ereignisse nachvollziehen. Vor etwa 200 Millionen Jahren begann Pangaea zu zerfallen und teilte sich in zwei kleinere Landmassen, Laurasia im Norden (zu dem das jetzige Europa, Asien und das meiste von Nordamerika gehörte) und Gondwanaland im Süden (bestehend aus dem heutigen Australien, Afrika, Indien, der Antarktis und Südamerika). Rund 20 Millionen Jahre später zerfiel Gondwanaland seinerseits; Afrika löste sich von Südamerika, und Indien begann nordwärts zu treiben, wo es schließlich vor ca. 30 Millionen Jahren so heftig mit Asien kollidierte, daß dabei der Himalaja entstand. Anschließend trennten sich Europa und Nordamerika, obgleich Großbritannien noch bis zum Ende der Eiszeit Teil von Kontinentaleuropa blieb.

Dies alles klingt ziemlich wie eine Reise nach Jerusalem, aber die Verschiebungen gehen sehr langsam vor sich – höchstens wenige Zentimeter im Jahr. Wo die Schollen zusammenstoßen, türmen sich Gebirge auf; mitten im Atlantik »streckt« sich der Meeresboden, und Berge entstehen – Island ist nichts anderes als die Spitze eines unterseeischen Vulkans. Die Ränder der Schollen sind Gebiete mit starker vulkanischer Tätigkeit, wo es zu gewaltigen Erdbeben kommen kann. Wo sich eine Scholle unter die andere schiebt und ins Erdinnere stößt, erhalten wir einen sogenannten Graben.

All dies zeigt, daß die Erde bei weitem keine stabile, unveränderliche Welt ist. Zweifellos verschieben sich die Kontinentalschollen auch in Zukunft, und die Weltkarte wird in 50 Millionen Jahren ganz anders aussehen als heute.

Oben: Der Berg Namafjall nahe Myvatn in Nordisland. Die von den Einheimischen so genannte »Teufelsküche« ist eine geradezu Dantesche Höllenlandschaft voll brodelnder Schlammteiche und Schwefeldämpfe – eine Welt im Entstehen.

Die Erde als Planet

Ganz oben: Die Krümmung der Erde, eine von wenigen bestrittene Tatsache, ist auf diesem Bild eines Zyklons nördlich von Hawaii, das von Apollo 9 aufgenommen wurde, deutlich zu erkennen.

Oben: Ein Kupferstich von Ptolemäus, dem ägyptischen Astronomen.

Heutzutage, da die ganze Erde von Pol zu Pol erforscht ist, erscheint der Gedanke seltsam, daß wir bis vor ein paar Jahrhunderten nicht einmal ihre Größe kannten. Als Christoph Kolumbus zu seiner Reise über den Atlantik aufbrach, hielt er die Erde für wesentlich kleiner als sie tatsächlich ist, deshalb hatte er bei seiner Heimkehr auch keine genaue Vorstellung davon, wo er gewesen war.

Zumindest wußte er, daß die Erde eine Kugel ist. Die alte Theorie, nach der eine flache Erde reglos im Zentrum des Universums schwebte, war lange vor Christi Geburt aufgegeben worden, und schon die griechischen Philosophen konnten definitive Beweise erbringen. Den hellen, südlichen Stern Canopus zum Beispiel erblickt man von Ägypten, nicht aber von Griechenland aus – was sich bei einer flachen Erde nicht erklären läßt. Wenn außerdem bei einer Mondfinsternis der Schatten der Erde auf den Mond fällt, sieht man, daß er gekrümmt ist, was zeigt, daß auch die Erdoberfläche gekrümmt sein muß.

Die Griechen gingen wissenschaftlich vor. Ein Philosoph – Eratosthenes, der von 276 bis 196 v. Chr. lebte – schaffte es sogar, die Größe der Welt mit erstaunlicher Präzision zu ermitteln. Er leitete eine große Bibliothek in der Stadt Alexandria (die heute zum Leidwesen der Historiker nicht mehr existiert). In den dortigen Büchern las er, daß die Mittagssonne am Tag der Sommersonnenwende direkt über der Stadt Syene (Assuan) steht, nicht aber über Alexandria; dort steht sie in einem Winkel von 7½ Grad zum Zenit. Ein Kreis hat 360 Grad, und 7½ ist etwa 1/50 von 360, also muß der Umfang der Erde, wenn sie eine Kugel ist, das Fünfzigfache der Distanz zwischen Alexandria und Syene betragen. Eratosthenes maß diese Entfernung, führte einige Berechnungen durch und präsentierte schließlich eine Zahl, die ziemlich korrekt war. Hätte Kolumbus sich an sie gehalten, als er so viele Jahrhunderte später auf Reisen war, wäre ihm klar gewesen, daß er unmöglich Indien erreicht haben konnte.

Der nächste Schritt war der, zu zeigen, daß die Erde sich um die Sonne bewegt, also nicht das Zentrum des Universums ist. Nur wenige Griechen konnten sich dazu durchringen, dies zu glauben, aber der letzte große Astronom der Antike, Ptolemäus, bediente sich astronomischer Meßmethoden, um eine Karte der mediterranen Welt zu erstellen, die weitaus besser war als alle vorherigen Zeichnungen, obgleich er Schottland irgendwie verkehrt herum an England ansetzte.

Ptolemäus starb um 180 n. Chr., und danach machte die Wissenschaft lange Zeit nur wenige Fortschritte; in dieser Hinsicht war das Dunkle Zeitalter wirklich dunkel. Erst Nikolaus Kopernikus, ein Domherr, bewirkte im 16. Jahrhundert einen revolutionären Umbruch mit der Behauptung, die Erde sei ein ganz normaler Planet, der um die Sonne kreiste. Er wurde heftig kritisiert (nicht persönlich, weil er so klug war, sein Buch

Ein Kupferstich von Nikolaus Kopernikus, der als erster die Theorie vertrat, die Sonne und nicht die Erde sei das Zentrum unseres Universums.

nicht vor seinem Tode erscheinen zu lassen), und besonders feindselig verhielt sich die Staatskirche; 1600 wurde in Rom der Philosoph Giordano Bruno im Auftrag der Inquisition auf dem Scheiterhaufen verbrannt, weil er gewagt hatte zu lehren, die Erde bewege sich um die Sonne (obwohl man zugeben muß, daß dies in den Augen der Kirche nicht sein einziges Verbrechen war). 1610 wandte sich dann der berühmte Astronom Galilei mit seinem ersten Teleskop dem Himmel zu und stellte Beobachtungen an, die bewiesen, daß die alte geozentrische Theorie nicht stimmen konnte. Erst mit der Publikation von Isaac Newtons »Principia« im Jahre 1687 jedoch wurde die Erde endgültig auf den Status eines Planeten reduziert. Newtons Buch, in dem er die Gesetze der Schwerkraft aufzeigte, war die Basis aller späteren Arbeiten und ist als »größte geistige Anstrengung, die je ein Mensch unternommen hat«, bezeichnet worden.

Es ist leider nicht möglich, daß wir uns tief in die Erde eingraben, um herauszufinden, was dort geschieht. Glücklicherweise gibt es dafür aber andere Methoden, so daß wir inzwischen einen einigermaßen guten Begriff vom Aufbau der Erde haben.

Die äußerste Schicht ist die Erdkruste, auf der wir leben. Sie reicht nicht sehr weit in die Tiefe; stellt man sich die Erde als eine Orange vor, ist sie weitaus dünner als die Orangenschale. Unter den Meeren ist sie ca. 6,5 Kilometer und sogar unter den Kontinenten nur bis zu 40 Kilometer dick. Darunter kommt der Mantel, der über 80 Prozent des Erdvolumens und fast 70 Prozent der gesamten Masse ausmacht; er besteht aus Magma – das heißt, aus schmelzendem, mit Gas vermischtem Gestein. Es gibt eine sehr scharfe Grenze zwischen Kruste und Mantel, die nach dem jugoslawischen Wissenschaftler, der als erster ihre Existenz nachwies, Mohorovičić-Diskontinuität genannt wird. Der Mantel reicht bis zu 2900 Kilometer in die Tiefe, und darunter befindet sich der Kern; der äußere Kern, bis 3500 Kilometer tief reichend, ist flüssig, der innere Kern dagegen, der sich vom Zentrum der Erdkugel aus 1600 Kilometer weit erstreckt, vermutlich fest.

Die besten Informationen über das Erdinnere erhält man durch das Studium von Erdbeben, die hervorgerufen werden, wenn die Erdkruste bei Verschiebungsbewegungen »reißt«. Erdbeben können katastrophal sein und sind in der Neuzeit für den Tod von Zehntausenden verantwortlich gewesen, aber zumindest erfahren wir dabei auch viel über die Bedingungen tief im Innern der Erde.

Bei einem Erdbeben entstehen Wellen, die sich vom Herd aus nach oben ausbreiten. Diese Wellen sind unter-

Ein heutiges Porträt des englischen Künstlers Bill Sanderson von Isaac Newton zur Feier des 300. Jahrestages der Veröffentlichung von Newtons großem Werk »Philosophiae Naturalis Principia Mathematica« im Jahre 1687.

Die hier dunkel schraffierten Gebiete repräsentieren die wichtigsten Erdbebenregionen der Welt, die zumeist den Randzonen von Kontinentalschollen entsprechen. Die Hauptplatten der Erdkruste sind durch Farben markiert: Eurasische Platte (gelb), Nordamerikanische Platte (grau), Pazifische Platte (blau), Nazca-Platte (grün), Südamerikanische Platte (oliv), Afrikanische Platte (orange), Indo-australische Platte (rot), Antarktische Platte (rosa).

schiedlicher Art. Die P-(Longitudinal-) Wellen erzeugen in der von ihnen durchlaufenen Materie abwechselnd Verdichtungen und Verdünnungen; die S-(Transversal)-Wellen rufen Schwingungen hervor, und außerdem gibt es noch Oberflächenwellen, die den meisten materiellen Schaden anrichten. Die Geschwindigkeit der P- und S-Wellen hängt von der Dichte der Materie ab, die sie passieren. So kommt es etwa zu einem plötzlichen Anwachsen der Schnelligkeit, wenn sie die Mohorovičić-Diskontinuität durchlaufen, so daß wir feststellen können, wo diese liegt.

Noch bedeutsamer ist, daß S-Wellen Flüssigkeiten passieren können, P-Wellen dagegen nicht. Dadurch erhalten wir wichtige Informationen über Umfang und Position des flüssigen Teils des Erdkerns. Wir müssen nur auf der Erdoberfläche weit verstreut Empfänger installieren und die Kraft der auftreffenden Wellen aufzeichnen; die Position des Epizentrums – das heißt, des Punktes auf der Erde, der direkt über dem Herd des Bebens liegt – kennen wir natürlich.

Erdbeben ereignen sich gewöhnlich nahe an den Rändern der Kontinentalschollen, so daß es Regionen gibt, die vor heftigen Stößen »sicher« sind; dazu gehört Großbritannien. In Gebieten wie Japan hingegen sind Erdbeben häufig und kosten unzählige Menschenleben, wie etwa 1923, als eine gewaltige Erschütterung Tokio nahezu zerstörte. Eine andere Gefahrenzone ist Kalifornien, besonders um San Francisco, wo die San-Andreas-Seitenverschiebung aktiv ist; 1906 gab es dort ein starkes Erdbeben und 1989 ein weiteres. Leider ist es sehr wahrscheinlich, daß hier in den nächsten Jahren erneut ein heftiges Beben stattfinden wird; man kann also nur die Gebäude so erdbebensicher wie möglich machen.

Untersuchungen von Erdbebenwellen zeigen, daß der Kern der Erde sehr dicht ist und vermutlich überwiegend aus Eisen besteht. Eisen ist, wie wir wissen, ein guter Elektrizitätsleiter und liefert uns eine Erklärung für das Vorhandensein des irdischen Magnetfeldes.

Elektrischer Strom kann bekanntlich magnetische Felder erzeugen, das ist im wesentlichen das Prinzip des Dynamos. Deshalb können Bewegungen in dem eisenreichen, flüssigen Erdkern einen Generatoreffekt hervorrufen; das Resultat ist ein gewaltiges Magnetfeld mit zwei Polen. Die magnetischen Nord- und Südpole entsprechen nicht exakt den geographischen Polen und verschieben sich langsam, so daß der gegenwärtige magnetische Nordpol unter der Erdoberfläche des arktischen Kanada liegt.

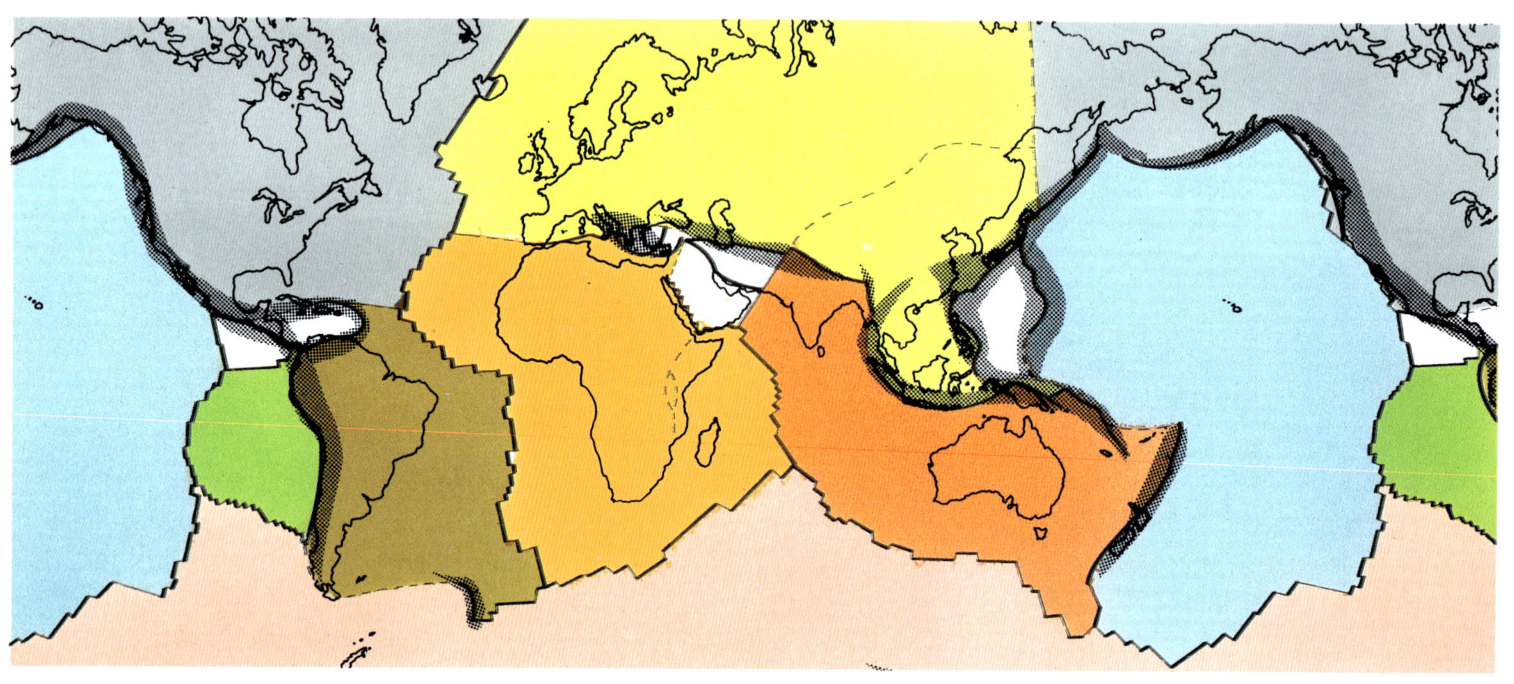

Eine Luftaufnahme der San-Andreas-Störung in der Carizzo-Ebene 450 km südlich von San Francisco.

Es gibt Hinweise darauf, daß die Stärke des Magnetfeldes variiert. Im Moment schwächt es sich ab, und man hat sogar behauptet, daß es in ein paar tausend Jahren zeitweise ganz verschwunden sein wird, aber das ist nichts weiter als Gedankenspielerei und muß durchaus nicht zutreffen. Das meiste Gestein enthält Partikel magnetischer Substanzen, und bei seiner Entstehung richten sich diese Partikel an der Richtung des allgemeinen Magnetfeldes aus, so daß wir rückblickend dessen Zustand feststellen können. Offensichtlich gibt es periodische »Umkehrungen«, bei denen aus Gründen, die nicht völlig klar sind, die Pole wechseln. Das jetzige magnetische Feld erstreckt sich weit über die Atmosphäre hinaus, nämlich rund 64 300 Kilometer auf der zur Sonne gewandten und über 300 000 Kilometer auf der von ihr abgewandten Seite der Erde; das Gebiet, in dem es beherrschenden Einfluß hat, heißt Magnetosphäre.

Nicht allein die Erde besitzt ein Magnetfeld; tatsächlich sind die magnetischen Felder der großen Planeten viel stärker als unseres, besonders bei Jupiter. Die beiden äußeren Riesen, Uranus und Neptun, haben seltsame Magnetfelder, die im Verhältnis zu unserem umgekehrt sind, und bei denen die magnetischen Pole weit entfernt von den Rotationspolen liegen. Sähe es bei uns ebenso aus, wäre der magnetische Nordpol irgendwo mitten in Australien. Venus dagegen scheint kein erkennbares Magnetfeld zu haben, das von Merkur ist recht schwach, und Mars gilt als Grenzfall.

Wir sollten uns nun den Vulkanen zuwenden, die sich überwiegend an den Rändern der Kontinentalschollen befinden. Sie sind recht unterschiedlich. Manche sind stark explosiv (wie etwa der Vesuv, der 79 n. Chr. unerwartet ausbrach und mehrere Städte, darunter das berühmte Pompeji, vernichtete), während andere sich vorhersagbarer verhalten.

Die Magnetosphäre ist ein die Erde umgebender Raum, der ionisierte Teilchen enthält, die sich unter Magnetfeldeinfluß bewegen. Das Aufeinandertreffen von Sonnenwind und Magnetfeld bewirkt eine Schockfront und deformiert die Magnetosphäre. Zu den inneren Bereichen, in denen geladene Teilchen durch das Erdmagnetfeld eingefangen sind, gehören die Van-Allen-Gürtel und die Gebiete, in denen es zu Polarlichtern kommt.

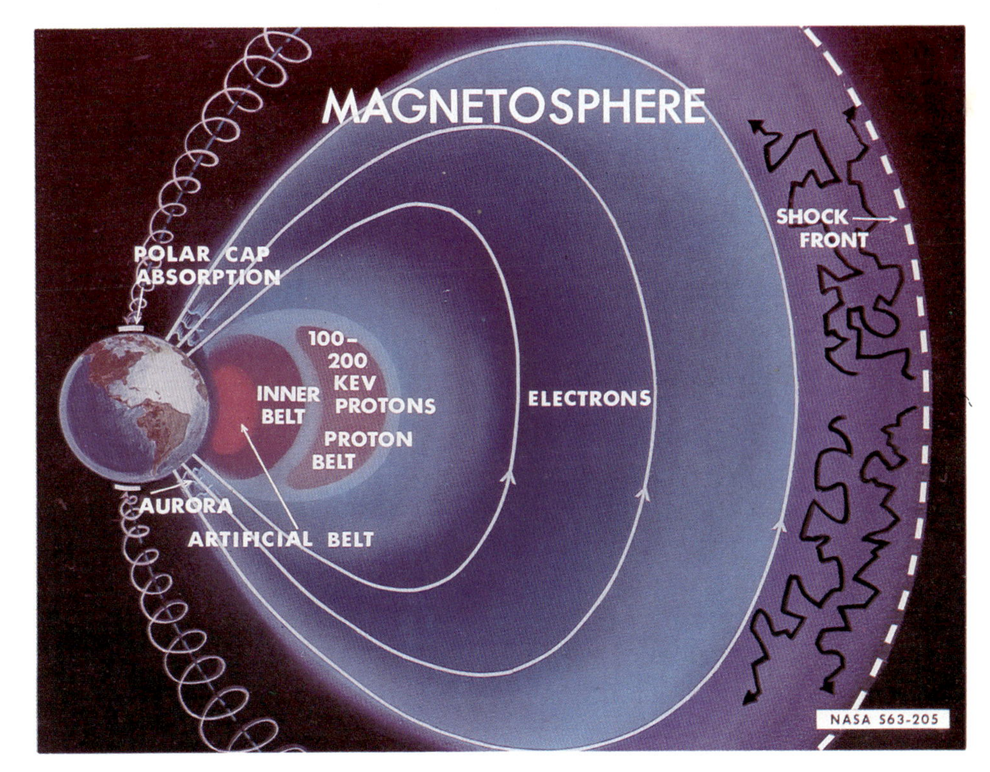

Ein Vulkan erhebt sich über einer »heißen Stelle« im Erdmantel. Das Magma steigt nach oben und ergießt sich als Lava auf die Erde, gewöhnlich mit einer Temperatur von rund 1000°C. Beim Abkühlen verfestigt sich die Lava zu Stein. Zahlreiche Vulkane sind von Calderen, großen Kratern, gekrönt; der des Asosan in Japan hat einen Durchmesser von über 16 Kilometern. Andere Eruptionen treten entlang von Erdspalten auf, was etwa in Island verhängnisvolle Folgen hatte. Hin und wieder bilden sich vollkommen neue Vulkane; der Surtsey vor der isländischen Küste und der Paricutín in Mexiko entstanden beide in den letzten 50 Jahren.

Die Geburt des Paricutín war besonders interessant. Am 20. Februar 1943 pflügte ein mexikanischer Bauer namens Pulido sein Kornfeld, als er auf ein kleines, aber sehr tiefes Loch stieß, aus dem leichte Schwaden warmen Dampfes strömten. Das verstärkte sich im Laufe des Tages, und zwar in Pulidos Worten so: »Beim Loch hatte sich ein Spalt aufgetan, und ich sah, als ich diesem Spalt mit meinen Augen folgte, daß er lang war... Ich fühlte einen Donner, die Bäume erzitterten, und ich sah, wie der Boden des Loches anschwoll und sich hob – um etwa zwei Meter – und eine Art Rauch oder feiner Staub, grau wie Asche, aufzusteigen begann. Sogleich kam mehr Rauch, mit lautem und beständigem Zischen und Pfeifen, und es roch nach Schwefel... Risse zeigten sich im Boden, und von unten ertönte ein furchtbares Geräusch wie beim Entkorken einer riesigen Flasche. Nachdem ich ein Stück weggerannt war, blickte ich mich um und sah, wie eine gewaltige schwarze Rauchsäule sich in die Höhe wälzte. Sehr erschrocken bestieg ich mein Pferd und ritt ins Dorf.«

Innerhalb weniger Stunden fing der

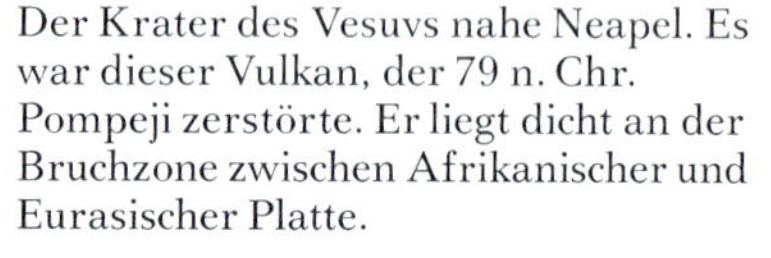

Der Krater des Vesuvs nahe Neapel. Es war dieser Vulkan, der 79 n. Chr. Pompeji zerstörte. Er liegt dicht an der Bruchzone zwischen Afrikanischer und Eurasischer Platte.

Die Stadt Pompeji wurde innerhalb kurzer Zeit durch den Ausbruch des Vesuvs fast völlig verschüttet. Man hat sie im 19. Jahrhundert wieder ausgegraben.

neue Vulkan an, große Steine auszuspuken, und nachts wurden Klumpen glühender Materie in die Luft geschleudert. Am 21. Februar wuchs er auf über 33 Meter an, die erste Lava floß und breitete sich langsam über die Felder aus. Seine Tätigkeit dauerte an, und der Lärm war ohrenbetäubend. In einer Woche steigerte sich seine Höhe auf 165 Meter und verdoppelte sich in den nächsten zwei Monaten noch einmal. Die unglücklichen Dörfer Paricutín und Parangaricutiro wurden von der Lava begraben, und die ganze Region wandelte sich von fruchtbarem Ackerland in eine schwarze Einöde. Noch über zehn Jahre lang fanden Eruptionen statt, bevor der Paricutín zur Ruhe kam.

Der Surtsey entstand ebenso unerwartet, richtete jedoch keinen Schaden an, weil er aus dem Meer aufstieg – und dabei eine Insel erzeugte, auf der inzwischen schon wieder Leben Fuß gefaßt hat. Ganz Island ist natürlich sehr vulkanisch und in weiten Teilen mit Lava bedeckt.

Da die Landmassen sich ständig bewegen, verbleibt ein Vulkan nicht ewig über seinem Herd. Die Inseln von Hawaii liefern ein gutes Beispiel dafür. Es gibt dort eine ganze Kette von Vulkanen, von denen mit rund 4200 Meter die beiden höchsten der Mauna Kea und der Mauna Loa auf Big Island sind. Der Mauna Kea ist erloschen, weil er sich von seinem Herd wegbewegt hat; er ist seit Tausenden von Jahren nicht ausgebrochen und wird dies vermutlich auch nie wieder tun (das hoffen wir zumindest, da eines der größten Observatorien der

Rechts außen: Der Rand der Caldera von Santorin in der Ägäis. Eine gewaltige Eruption des Vulkans um 1500 v. Chr. vernichtete die minoische Zivilisation auf der nahegelegenen Insel Kreta.

Unten: Kilauea auf Hawaii, einer der aktivsten Vulkane der Erde.

Welt auf seinem Gipfel errichtet wurde). Der Mauna Loa hingegen kann noch sehr aktiv sein und bringt Lavaströme hervor, die mit hoher Geschwindigkeit fließen. In einem Fall breitete sich die Lava bis an die Peripherie von Hilo aus, der einzigen großen Stadt auf der Insel – und wurde der einheimischen Legende zufolge nur durch die Zaubersprüche eines mächtigen Hexers aufgehalten, den die Behörden eilig herbeigerufen hatten! Auch der Kilaua, der an den Mauna Loa grenzt, ist recht ungestüm; auf seinem Kraterboden befindet sich ein Lavasee, der Halemaumau oder »Haus des ewigen Feuers« genannt wird, das einst angeblich die grausame Feuergöttin Pele beherbergte. Halemaumau ist die meiste Zeit über aktiv und kann spektakuläre »Feuerwerke« produzieren, obgleich er sich bei den Gelegenheiten, als ich dort war, stur weigerte, eine Vorstellung zu geben.

Alle britischen Vulkane sind schon lange erloschen, aber im Mittelmeerraum gibt es neben den berühmten italienischen Vulkanen Vesuv, Ätna und Stromboli noch eine ganze Reihe weitere. Auf Santorin, einer griechischen Insel, ereignete sich um 1500 v. Chr. eine große Eruption. Nach dem Ausbruch stürzte die Spitze des Vulkans ein, Meerwasser floß ein, und die Folge war eine ungeheure Explosion, die gigantische Wellen erzeugte, welche übers Meer bis an die Küsten Kretas schwappten und dort eine

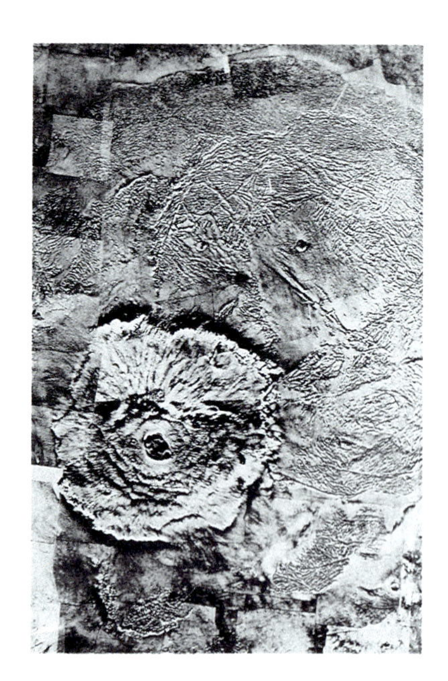

Oben: Olympus Mons, der spektakulärste Schildvulkan im Sonnensystem. Er ragt rund 25 Kilometer über die umliegenden Ebenen auf und hat einen Durchmesser von über 700 Kilometer. Der Durchmesser der zentralen Caldera beträgt mehr als 80 Kilometer.

hochentwickelte Zivilisation mehr oder weniger auslöschten (wodurch übrigens die Sage vom versunkenen Erdteil Atlantis entstand). Wenn man heute Santorin besucht, sieht man die alte Caldera. Sie ist inzwischen ruhig, allerdings gibt es Stellen, wo Rauch aus dem Boden dringt, und ab und zu heftige Erdbeben.

Ein weitaus späterer Ausbruch desselben Typs fand 1883 statt, als die Insel Krakatoa zwischen Java und Sumatra in die Luft flog. Riesige Wogen überschwemmten die javanische Küste und forderten Tausende von Menschenleben, während die hochgewirbelten Staub- und Ascheteilchen jahrelang in der oberen Atmosphäre verblieben und Sonnenuntergänge in den seltsamsten Farben hervorriefen. So mancher wird sich aus jüngerer Zeit an den Ausbruch des Mount St. Helen im Staat Washington erinnern, der die wunderschöne Form des Vulkans zunichte machte und die Umgebung in eine Wüste verwandelte.

Vulkane gibt es auch auf anderen Planeten. Auf dem Mars finden wir etliche, von denen einer, Olympus Mons, die dreifache Höhe des Mount Everest und eine Caldera von über 60 Kilometern hat. Diese Vulkane mögen erloschen sein, aber auf der Venus existiert fast sicher immer noch ein ausgeprägter Vulkanismus, und durch Radarmessungen konnte man zwei große Schildvulkane, Rhea Mons und Theia Mons, nachweisen. Fest steht auch, daß vulkanische Tätigkeit auf Io herrscht, einem von Jupiters großen Monden, obgleich die Vulkane dort anders sind als bei uns und die Oberfläche von Io rot und mit Schwefel bedeckt ist.

Alles, was wir über die Erde herausgefunden haben, zeigt uns, daß sie zwar nur einer der Planeten in diesem Sonnensystem, aber in mancherlei Hinsicht außergewöhnlich ist. Insbesondere hat nur sie weite ozeanische Gewässer, und nur sie besitzt Luft, die wir atmen können.

Rechts: Eine Säule aus Asche, heißen Gasen und Gesteinstrümmern, die am 22. Juli 1980 aus dem Mount St. Helen im US-Staat Washington schießt, zwei Monate nach dem großen Ausbruch, bei dem Teile der einen Vulkanseite weggesprengt und Tausende von Quadratkilometern der umliegenden Landschaft verwüstet wurden.

In die Atmosphäre und darüber hinaus

Wir leben am Boden eines Meeres aus Luft. Ohne sie könnten wir nicht existieren, und kein Leben wäre auf der Erde entstanden. Es ist ein Glück für uns, daß unsere Welt genau die richtige Masse und genau die richtige Temperatur hat, um eine für uns geeignete Atmosphäre zu produzieren.

Der wichtigste Faktor ist die Fluchtgeschwindigkeit, das heißt, der Schnelligkeit, die erforderlich ist, um das Gravitationsfeld eines Körpers zu verlassen. Wirft man ein Objekt hoch, so erreicht es eine bestimmte Höhe und fällt wieder hinunter; je schneller man es wirft, desto höher steigt es, bevor es zurückkehrt. Wenn man es mit einer Geschwindigkeit von 11,2 km/s hochwerfen könnte, würde es nie mehr zurückkehren, weil die Anziehungskraft der Erde nicht mehr stark genug wäre, um es zurückzuholen, und es würde sich in den Weltraum hinaus bewegen. Deshalb liegt die Fluchtgeschwindigkeit der Erde bei 11,2 km/s.

Die Atmosphäre besteht aus Abermillionen schnell umherschwirrender Atome und Moleküle. Wenn ein Luftpartikel sich auf 11,2 km/s beschleunigen würde, könnte es ausbrechen. Zum Glück kann das nicht geschehen, weil die Teilchen, aus denen unsere Luft besteht, nie so schnell werden, aber – wie wir gesehen haben – auf dem Mond, wo die Fluchtgeschwindigkeit nur 2,4 km/s beträgt, ist das anders. Jegliche Atmosphäre, die der Mond vielleicht einmal hatte, ist seit langem in den Weltraum entwichen. Die großen Planeten dagegen mit ihren hohen Fluchtgeschwindigkeiten – bei Jupiter sind es 60 km/s – können selbst leichte Gase an sich binden, deshalb enthalten sie soviel Wasserstoff und Helium.

Die irdische Luft besteht überwiegend aus zwei Elementen, Stickstoff (78 Prozent) und Sauerstoff (21 Prozent), sowie in weitaus geringerem Umfang aus anderen Gasen wie Argon und Kohlendioxyd und natürlich einer erheblichen, aber variablen Menge Wasserdampf. Kein anderer Planet im Sonnensystem hat eine Atmosphäre wie unsere. Titan, der größte von Saturns Trabanten, weist eine Atmosphäre von hoher Dichte überwiegend aus Stickstoff auf, der Rest ist zumeist Methan, eine Verbindung aus Kohlenstoff und Wasserstoff, die für uns nicht zu atmen wäre – abgesehen davon, daß es dort wirklich sehr kalt ist.

Die unterste Schicht unserer Luft wird

Querschnitt durch die Atmosphäre mit ihren wichtigsten Schichten.

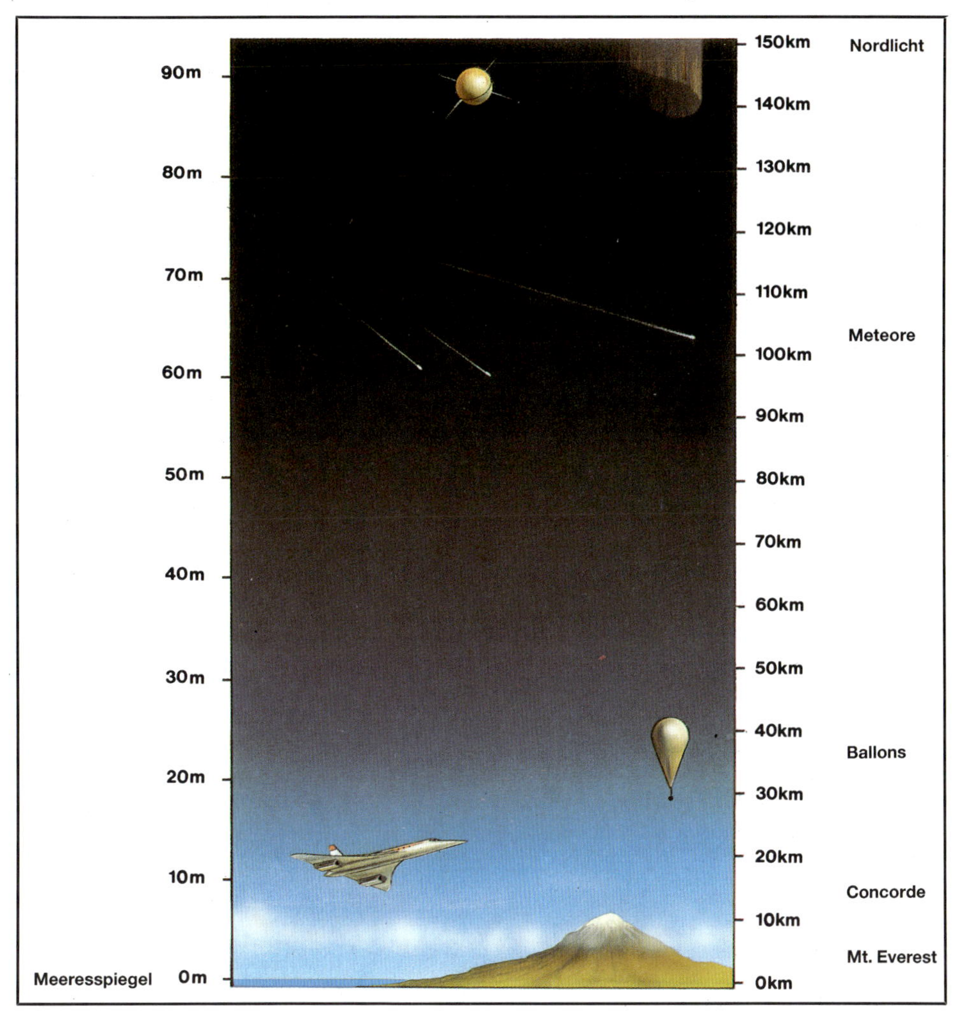

Oben: Wolken, die einem Zellenschnitt ähneln, über dem Atlantik nordwestlich der Kapverdischen Inseln. Das Photo wurde 1984 von einem Mitglied der Challenger-Mannschaft aufgenommen.

als Troposphäre bezeichnet. Je nach Breitengrad erstreckt sie sich acht bis 18 Kilometer in die Höhe (über dem Äquator ist sie am dicksten), und hier spielt sich unser alltägliches »Wetter« sowie die normale Wolkenbildung ab. Die Temperatur sinkt mit zunehmender Höhe, und am Oberrand der Troposphäre liegt sie nur noch bei etwa –62 Grad Celsius. Auch die Dichte nimmt ab, wie jeder Bergsteiger weiß; auf dem Gipfel des Mount Everest braucht man eine Sauerstoffmaske, und alle hoch fliegenden Flugzeuge benötigen Druckausgleichskabinen.

Oberhalb der Tropopause, welche die Grenze der Troposphäre markiert, finden wir viel dünnere Luft vor, die sogenannte Stratosphäre, die bis rund 48 Kilometer hoch reicht. Merkwürdigerweise fällt die Temperatur hier nicht weiter ab, sondern steigt sogar, und zwar bis zu 15 Grad Celsius am äußeren Rand. Das liegt am Vorhandensein einer Schicht aus Ozon, das eine spezielle Form des Sauerstoffs ist; seine chemische Formel ist O_3, ein Hinweis darauf, daß das Ozon-Molekül aus drei Atomen anstatt der üblichen zwei besteht. Kurzwellenstrahlen von der Sonne erwärmen die Ozonschicht und verhindern, daß die Temperatur absinkt.

Man beachte jedoch, daß dadurch die Stratosphäre nicht »heiß« wird. Wissenschaftlich ist Temperatur durch die Geschwindigkeit definiert, mit der sich Atome und Moleküle bewegen: je schneller die Bewegungen, desto höher die Temperatur. Die Partikel in der Stratosphäre bewegen sich zwar rasch, aber es gibt so wenige von ihnen, daß praktisch keine »Hitze« entsteht.

Oberhalb der Stratosphäre gibt es weitere Regionen, deren Nomenklatur etwas verwirrend ist. Da haben wir die Mesosphäre (bis zu 80 Kilometer hoch reichend) und dann die Thermosphäre (bis zu 290 Kilometer hoch reichend); die Temperatur der Mesosphäre ist niedrig, in der Thermosphäre steigt sie jedoch auf über 1900 Grad Celsius an, obwohl die Dichte der Luft in dieser Höhe natürlich sehr gering ist. Wir finden außerdem Schichten, die einige Arten von Radiowellen reflektieren und eine weitreichende Kommunikation ermöglichen. Da diese Schichten Ionen oder unvollständige Atome enthalten, wird ihr Bereich gewöhnlich als Ionosphäre bezeichnet.

Ab 480 Kilometer kommen wir in die äußersten Gebiete der Lufthülle, die sogenannte Exosphäre. Sie hat keine definitive Grenze, sondern verdünnt sich einfach, bis sie nicht mehr wahrnehmbar ist. Grob geschätzt, kann man wohl sagen, daß oberhalb von 800 Kilometer keine Atmosphäre mehr existiert.

Ozon ist für uns von entscheidender Bedeutung, weil es schädliche Kurzwellenstrahlen aus dem Weltraum abwehrt. Wäre dies nicht der Fall, wäre Leben auf der Erde unmöglich. Wir haben in letzter Zeit viel über »Löcher« in der Ozonschicht gehört. Man behauptet, sie würden von chemischen Substanzen verursacht, die wir in die Atmosphäre entweichen lassen und die die Ozon-Moleküle angreifen und zerstören. Bisher liegt kein endgültiger Beweis vor, daß wir dafür verantwortlich sind, aber sicher wird man die Situation sorgfältig beobachten müssen.

Außerdem sind wir kosmischen Strahlen ausgesetzt, die in Wirklichkeit keine Strahlen sind, sondern Atomteilchen, welche die Erde immerzu und aus allen Richtungen mit hoher Geschwindigkeit bombardieren. Zu unserem Glück zerfallen sie in der Stratosphäre, und lediglich

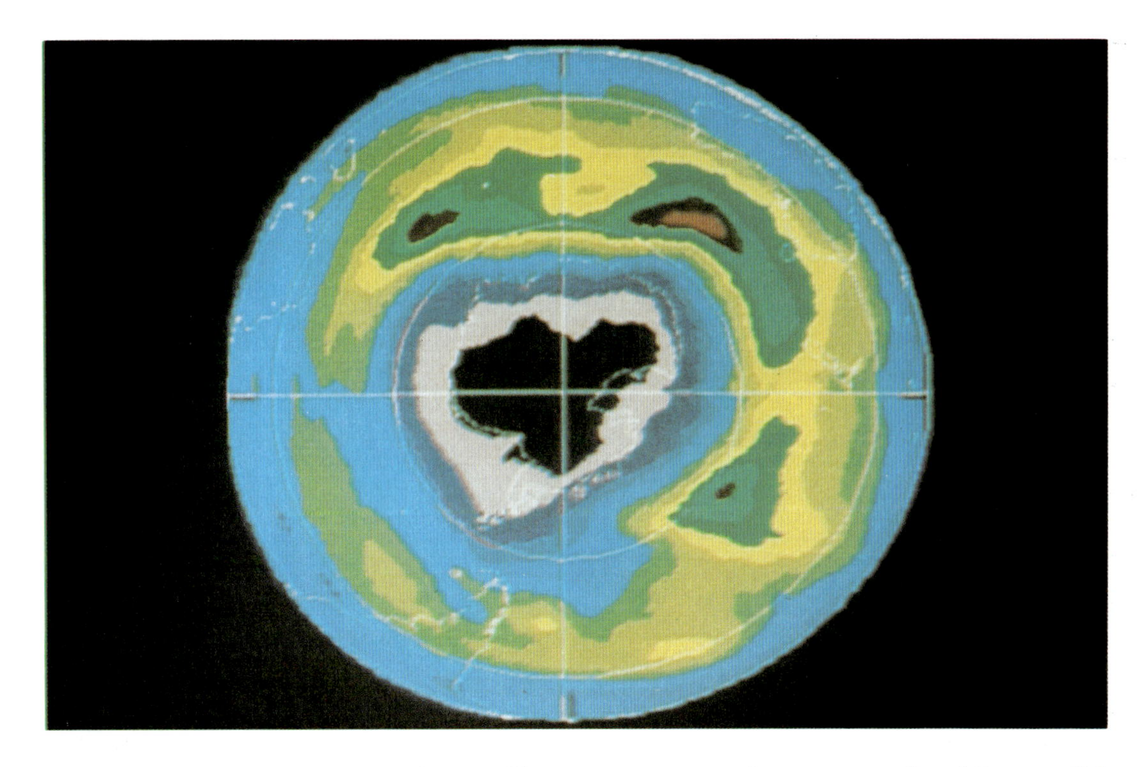

Links: Farblich hervorgehobenes Satellitenbild des Ozonlochs (dunkles Gebiet) über der Antarktis.

ihre Fragmente erreichen den Erdboden. Ich sage »zum Glück«, weil die »primären« kosmischen Strahlen ein weiteres Risiko für das Leben auf der Erde darstellen würden – etwas, woran wir denken müssen, wenn wir dauerhafte Stützpunkte auf dem Mond einrichten, der keinen atmosphärischen Schutzschild besitzt.

Ich habe bereits Meteoroiden erwähnt, die zumeist Trümmer von Asteroiden, ganz harmlos und gewöhnlich kleiner als Sandkörner, sind. Während sie durch die Luft rasen, erzeugen sie in einer Höhe von rund 190 Kilometer ein Leuchten, verbrennen, bis sie etwa 65 Kilometer über dem Erdboden sind und beenden ihre Reise in Form von sehr feinem »Staub«. Was wir als Sternschnuppe sehen, ist nicht das winzige Teilchen selbst, sondern die Lichterscheinung (Meteor), die es bei einer Geschwindigkeit von bis zu 70 km/s in der Atmosphäre hervorruft. Vielleicht existiert eine Verbindung zwischen Meteoren und den seltsamen, wunderschönen, in der Nacht leuchtenden Wolken, die in der Mesosphäre angesiedelt und ganz anders sind als unsere normalen Wolken, wenn sie auch vermutlich aus Eiskristallen bestehen.

Als das Radio erfunden wurde, dachte man zunächst, es würde nicht möglich sein, auf der Erde über weite Entfernungen hinweg zu senden, weil Radiowellen geradlinig verlaufen und man erwartete, sie würden in den Weltraum entweichen. Als sich dies als nicht zutreffend erwies, mußte eine Erklärung gefunden werden – und das führte zur Entdeckung der Schichten aus der Ionosphäre, die manche Radiowellen reflektieren. Diese Schichten liegen zwischen 80 und 320 Kilometer hoch und sind etwas unbeständig; insbesondere werden sie durch die Tätigkeit der Sonne beeinflußt.

Unten: Aurora Borealis oder Nordlicht, aufgenommen, nahe Fairbanks, Alaska. Diese leuchtenden Gebilde können die Form von Strahlen, Streifen, Bogen, Fahnen und Vorhängen annehmen; die häufigsten Farben sind Rot und Grün.

Die X-15, in den späten 50er und frühen 60er Jahren von der NASA eingesetzt, um Geschwindigkeits- und Höhenbegrenzungen eines raketengetriebenen Flugzeugs zu testen. Eine Variante, die X-15A-2, erreichte 1966 eine Geschwindigkeit von 6850 km/h. Flughöhen von über 80 km wurden regelmäßig erzielt.

Weit oberhalb der Stratosphäre begegnen wir den prachtvollen Polarlichtern – Aurora Borealis in der nördlichen und Aurora Australis in der südlichen Hemisphäre. Polarlichter werden von ionisierten, von der Sonne ausgesandten Teilchen verursacht, die kaskadengleich in die oberen Luftschichten fallen und sie zum Leuchten bringen. Da sie zu den magnetischen Polen hin abgelenkt werden, sieht man Polarlichter am besten von hohen Breitengraden aus. In Nordnorwegen und Nordkanada sind sie in fast jeder klaren Nacht sichtbar. Natürlich sind Polarlichter am häufigsten, wenn sich die Sonne auf dem Höhepunkt ihres elfjährigen Aktivitätszyklus befindet. Polarlichter können verschiedene Formen annehmen: Strahlen, Bogen, Vorhänge und Fahnen, oft in lebhaften Farben und schnellem Wechsel. Da sie so hoch oben sind, nämlich 96 bis 960 Kilometer hoch, ist eigentlich nicht zu vermuten, daß sie Geräusche produzieren – und doch wird behauptet, man hätte in einigen Fällen ein Zischen und Knistern gehört. Ob solche Berichte als zuverlässig gelten können, ist zu bezweifeln, und sicherlich wären »Polarlicht-Geräusche« sehr schwer zu erklären. Auch von beißendem Geruch war schon die Rede, aber ich muß zugeben, daß ich an stinkende Polarlichter nicht glaube!

Ein Polarlicht ist nicht mit dem Zodiakallicht zu verwechseln, einer etwa dreieckigen Erhellung, die manchmal dort am Horizont zu sehen ist, wo die Sonne gerade untergegangen ist oder in Kürze aufgehen wird. Das Zodiakallicht beruht auf der Streuung von Sonnenlicht an einer Gas- und Staubwolke, die mit ihrer Symmetrieebene in der Ekliptik liegt.

Flugzeuge können Tausende von Metern hoch fliegen, Ballons mit wissenschaftlicher Ausrüstung sogar noch höher; wenn wir jedoch den oberen Teil der

Atmosphäre und dahinterliegende Regionen erforschen wollen, müssen wir uns spezieller Methoden, das heißt des Raketenantriebs, bedienen. Raketen sind im Unterschied zu konventionellen Flugkörpern nicht auf das Vorhandensein von Atmosphäre angewiesen, da sie nach dem von Isaac Newton so genannten Prinzip der Gleichheit von Aktion und Reaktion funktionieren.

Der erste ernsthafte Vorschlag, Raketen in den Weltraum zu entsenden, stammte von einem Russen, Konstantin Eduardovich Ziolkowskij, der vor fast hundert Jahren eine Reihe von Texten darüber veröffentlichte. Er war ein reiner Theoretiker und zündete in seinem ganzen Leben keine Rakete, jedoch waren einige seiner Anregungen bemerkenswert »modern«. Er gilt daher zu Recht als der wahre Begründer der Raumfahrt.

Ziolkowskij erkannte, daß feste Brennstoffe wie Schießpulver für lange Reisen in den Weltraum zu schwach und unkontrollierbar sind, deshalb schlug er vor, flüssigen Treibstoff zu benutzen. Man nimmt zwei geeignete Flüssigkeiten, die in einer Brennkammer explosionsartig miteinander reagieren und dabei Gas erzeugen, das wie beim Feuerwerkskörper durch den Austritt ausströmt. Ziolkowskij wußte außerdem, daß die Notwendigkeit, sich ohne Nachbeschleunigung von der Erde zu entfernen, bedeutete, Fluchtgeschwindigkeit erreichen zu müssen, und daß es dafür das Beste wäre, Raketen übereinander anzubringen, damit das obere Raumfahrzeug so etwas wie einen Anfangsschub erhält, bevor es seine eigenen Triebwerke zünden muß. Dies ist das Prinzip des stufenweisen Abschusses, auf das man bei den bemannten Expeditionen zum Mond und der Erkundung aller Hauptplaneten des Sonnensystems zurückgegriffen hat.

Die erste Rakete mit flüssigem Treibstoff wurde 1926 von dem amerikanischen Pionier Robert Hutchings Goddard gezündet, und obwohl sie bei einer Höchstgeschwindigkeit von 96 km/h nur knapp 75 Meter zurücklegte, bewies sie, daß die Grundvoraussetzungen stimmten. Einige Jahre später richtete eine Gruppe deutscher Amateure, darunter Wernher von Braun, ein Versuchsgelände außerhalb Berlins ein und baute Raketen, die immerhin vielversprechend waren, obgleich etliche von ihnen am Boden explodierten oder in die falsche Richtung abhoben. Leider erkannte die Nazi-Regierung, daß Raketen im Krieg als Waffen eingesetzt werden könnten, deshalb wurden die Berliner Einrichtungen stillgelegt und ihre führenden Mitglieder nach Peenemünde versetzt, um Militärraketen zu produzieren. Hier stellte von Brauns Team dann die V2-Raketen her, die Südengland in den Spätstadien des Krieges bombardierten. Anschließend gingen von Braun und andere nach Amerika, um friedlichere Experimente durchzuführen, und nicht lange danach waren sie imstande, Raketen in schwindelnde Höhen von mehr als 320 Kilometer zu schicken.

Links: Nach dem 2. Weltkrieg gelang es den Amerikanern, sich über 100 V2-Raketen zu verschaffen, die von Wernher von Braun und der US Army in White Sands, New Mexico, getestet wurden.

Der erste wirkliche Triumph wurde jedoch nicht von den Vereinigten Staaten, sondern von der UdSSR erzielt. Am 4. Oktober 1957 leiteten die Russen das eigentliche Weltraumzeitalter ein, als sie Sputnik 1, den ersten künstlichen Mond oder Satelliten, starteten. Er war nicht größer als ein Fußball und hatte außer einem Radiosender nichts an Bord, war aber von immenser Bedeutung.

Unten: Die erste Rakete der Welt mit flüssigem Treibstoff wurde 1926 von Robert Goddard in Massachusetts gezündet.

Eine Zeichnung, aus der die Größenverhältnisse verschiedener Raumfahrzeuge ersichtlich werden. *Obere Reihe von links nach rechts:* A-1 Sputnik, Scout, V2. *Untere Reihe von links nach rechts:* Saturn, D-1 Saljut, Space Shuttle, Ariane 1.

Wenn ein künstlicher Satellit mittels einer Rakete in eine geschlossene Umlaufbahn um die Erde gebracht wird, fällt er genauso wenig herunter wie der wirkliche Mond. Solange er oberhalb des dichten Teils der Atmosphäre verbleibt, verhält er sich wie ein natürlicher Himmelskörper. Sputnik 1 hatte nicht die ausreichende Höhe, um von Dauer zu sein, und kam in der ersten Woche des Jahres 1958 wieder herunter, weil er sich seinen Weg durch die dünnen oberen Luftschichten selbst bahnen mußte und von der Reibung »gebremst« wurde, so daß er wieder in den unteren Bereich der Atmosphäre abfiel und verbrannte.

Das obige Diagramm zeigt das Verhältnis zwischen irdischem Magnetfeld (gestrichelte Linien) und den Van-Allen-Gürteln (breite Ringe). Die Bahn der einfallenden kosmischen Strahlen ist ebenfalls markiert.

Oben: Eine der fünf amerikanischen Mondsonden, die ab August 1966 in dreimonatigen Abständen in Umlaufbahnen um den Mond gebracht wurden. Ihre Aufgabe, die sie erfolgreich erledigten, war es, detaillierte Aufnahmen der gesamten Mondoberfläche zu liefern.

Rechts: Die russischen Raumfahrzeuge der Serie Wostok beförderten die ersten Menschen ins All. Der Prototyp, Sputnik 4, wurde im Mai 1960 gestartet. Am 12. April 1961 trug Wostok 1 Juri Gagarin in den Weltraum.

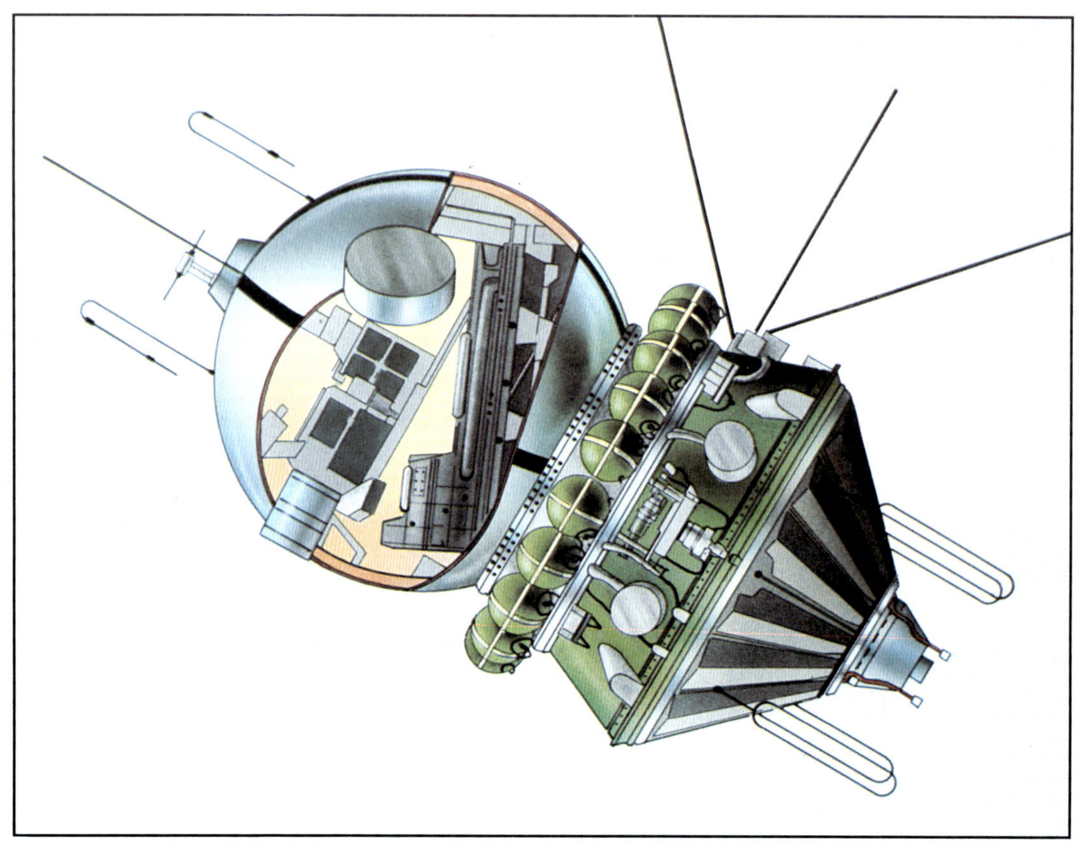

Links: Das erste amerikanische Raumfahrzeug mit einem Menschen an Bord war die Mercury, eine glockenförmige Kapsel, in der gerade ein Mensch auf eine individuell angefertigte Liege paßte. Alan Shepard war am 5. Mai 1961 als erster Amerikaner im All.

Nicht lange danach jedoch wurden weitere künstliche Satelliten gestartet, und das erste amerikanische Raumfahrzeug, Explorer 1 – eine Erfindung von Brauns –, machte eine überaus wichtige Entdeckung.

Explorer 1 wurde am 1. Februar 1958 in eine elliptische Umlaufbahn gebracht, auf der er sich mit einer Umlaufzeit von 115 Minuten 360 bis 2550 Kilometer über der Erde bewegte. Er wog lediglich 14 Kilogramm, hatte aber einen Geigerzähler bei sich, ein Instrument zur Messung der radioaktiven Strahlung, der die Teilchen der kosmischen Strahlung in verschiedenen Höhen zählen sollte. Zur allgemeinen Überraschung hielt er damit plötzlich inne, als Explorer eine Höhe von 965 Kilometer erreichte – und das jedes Mal, wenn der Satellit diese »kritische Distanz« durchlief.

Es war eine äußerst seltsame Situation, mit der das amerikanische Team unter der Leitung von James Van Allen zunächst nichts anzufangen wußte. Die Annahme, die Region oberhalb 965 Kilometer sei frei von radioaktiver Strahlung, war absurd; es mußte eine andere Erklärung geben. Es dauerte nicht lange, bis Van Allen die Wahrheit erkannte. Die Teilchen waren so zahlreich, daß der Geigerzähler von Explorer sie nicht mehr bewältigen konnte und blockiert war. Tatsächlich ist die Erde von einer Zone intensiver Strahlung umgeben.

Später fand man heraus, daß es sich um zwei Gürtel handelt, einen inneren, der überwiegend Protonen (die positiv geladenen Bestandteile von Atomkernen) enthält, und einen äußeren, der hauptsächlich aus Elektronen (negativ geladene Elementarteilchen) besteht. Heute weiß man, daß diese Van-Allen-Gürtel von enormer Bedeutung sind. Sie werden stark beeinflußt durch den sogenannten Sonnenwind, eine von der Sonne ausgehende Korpuskularstrahlung. Werden die Van-Allen-Gürtel durch den Sonnenwind aufgeladen, so erzeugen die dadurch ionisierten Teilchen Polarlichter.

Seit jenen frühen Tagen sind Satelliten aller Art in teilweise so hohe Umlaufbahnen gebracht worden, daß sie nie zurückkehren werden. Ohne sie würde uns das Leben heute seltsam vorkommen – um nur ein Beispiel zu nennen, sind es Satelliten, die weitreichende Fernsehübertragungen ermöglichen, so daß man sein Gerät einschalten und sich ein Fußball- oder Tennisspiel ansehen kann, das auf der anderen Seite der Welt stattfindet. Für Astronomen, Chemiker und Biologen sind sie von größtem Nutzen, und seit dem ersten Flug von Juri Gagarin im Jahre 1961 waren Dutzende von Astronauten im All. Der letzte Versuch war der Einsatz des Hubble-Space-Teleskops im April 1990.

Was die Erde selbst betrifft, so ma-

Künstlerische Impression des Hubble-Space-Teleskops, das gerade von einem Raumtransporter in seine Umlaufbahn entlassen wird.

chen Satelliten es möglich, ganze Wettersysteme zu studieren und uns bessere Kenntnisse über die gesamte Atmosphäre zu verschaffen; Aufnahmen von der Erdoberfläche in verschiedenen Lichtbereichen sind für Geologen von unschätzbarem Wert; wir können bei der Erkundung großer Gebiete Stellen ausmachen, an denen die Vegetation erkrankt ist; wir können die Pole und andere sonst schwer zugängliche Regionen beobachten – tatsächlich gibt es bei der Erforschung der Erde unendliche Anwendungsmöglichkeiten für künstliche Satelliten. Leider stimmt es, daß Weltraumfahrzeuge und künstliche Satelliten sich auch militärisch nutzen lassen, und wir können nur hoffen, daß ein »Krieg der Sterne« nie Realität wird. Wir wären gut beraten, wenn wir sorgsam mit der Erde umgingen; einen anderen Lebensraum haben wir nicht.

Unser Mond

Ohne den Mond würde die Welt uns merkwürdig erscheinen. Einen Großteil des Monats erhellt er den nächtlichen Himmel, und für die Völker des Altertums war es selbstverständlich, ihn als Gottheit – oder zumindest als Sitz einer Gottheit – zu verehren.

Mein Lieblingsmythos über den Mond stammt aus China. Er besagt, daß es einst eine große Dürre gab und eine Herde Elefanten zum Trinken an ein Gewässer mit dem Namen Mondsee kam. Sie zertrampelten so viele dort lebende Hasen, daß ein schlaues Häschen sie beim nächsten Mal darauf hinwies, sie würden die Mondgöttin verärgern, da diese sich nicht mehr im Wasser spiegeln könnte. Die Elefanten gaben zu, daß dies sehr unklug wäre, zogen ab und kehrten nie zurück!

Die Astronomen der Antike bemühten sich, präzise Tatsachen über den Mond selbst herauszufinden. Einer der alten Griechen, Anaximander, glaubte, der Mond sei »ein Kreis, neunzehnmal größer als die Erde; er hat die Form eines Wagenrades, dessen Felge hohl und mit Feuer gefüllt ist«; während Xenophanes, der 478 v. Chr. im fortgeschrittenen Alter von 100 Jahren starb, meinte, Sonne, Mond und Sterne wären Wolken, die irgendwie in Flammen gesetzt worden

Links: Eine hervorragende Aufnahme des Vollmondes, von Apollo bei der Rückkehr zur Erde aus einer Entfernung von 10 000 km photographiert.

Unten: Sally Bensusens Illustration vom Mann im Mond (1988).

Die Mondphasen (zur Erläuterung siehe Text auf Seite 55).

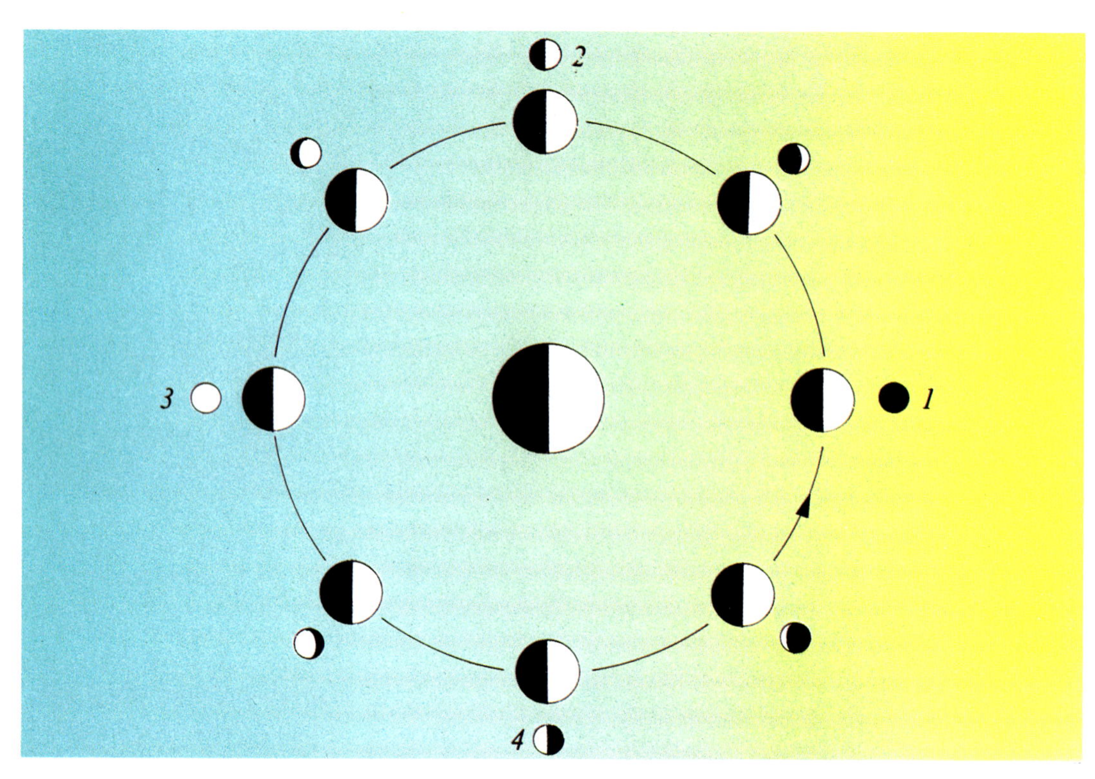

seien. Später entwickelten die Griechen modernere Theorien, und einer von ihnen, Aristarch, schätzte sogar den Abstand zwischen Mond und Erde recht gut ein. Er meinte außerdem, die Erde kreise um die Sonne, und nahm damit Kopernikus um über 1800 Jahre vorweg. Und um 80 n. Chr. verfaßte der römische Schriftsteller Plutarch einen Aufsatz »Über die Oberfläche der Mondkugel«, in dem er behauptete, der Mond sei »erdartig«, mit Bergen und Tälern.

In jener Zeit schien es keinen einleuchtenden Grund zu geben, warum der Mond nicht bewohnt sein sollte. Einer der ersten Science-Fiction-Romane über Mondreisen wurde im zweiten Jahrhundert n. Chr. von einem Griechen namens Lukian geschrieben, der ihn als »Wahre Geschichte« betitelte, weil er, wie er tunlichst erklärte, von Anfang bis Ende nichts als Lügen enthalte. Er war nie als ernstzunehmender Bericht gedacht, und die Art und Weise, wie in ihm die Reisenden auf den Mond gelangten, war ungewöhnlich: eine Gruppe von Matrosen geriet in der Straße von Gibraltar in eine Wasserhose und wurde sieben Tage und Nächte lang in die Höhe gewirbelt, bis sie schließlich auf dem Mond landete. Dort wurde sie in eine Schlacht zwischen dem König des Mondes und dem König der Sonne verwickelt, bei der es um die beiderseitigen Ansprüche auf eine Kolonisierung des Planeten Venus ging. Zu den feindlichen Heeren gehörten dreiköpfige Vögel, Flohreiter, Pferdegeier und Spinnen, so groß wie Inseln ... Erst nach der Erfindung des Teleskops im 17. Jahrhundert konnte die Beschaffenheit des Mondes, nämlich luft- und leblos zu sein, nachgewiesen werden.

Jedermann sind die Mondphasen, also die verschiedenen Lichtgestalten des Mondes zwischen Neu- und Vollmond, vertraut. Da der Mond selbst kein Licht erzeugt, sehen wir von ihm nur den von der Sonne erleuchteten Teil, der je nach der Stellung Mond-Erde-Sonne unterschiedliche Formen hat. Das Diagramm, das nicht maßstabgerecht ist – zeigt den Mond in vier Hauptpositionen. Bei 1 erscheint er uns als dunkel, als echter Neumond. Danach wird die abendliche Mondsichel immer dicker, bis sie in Position 2 zum Halbmond geworden und damit das erste Viertel des Umlaufs vollendet ist. Bei Position 3 sehen wir dann die voll erleuchtete Mondscheibe, und anschließend wiederholen sich die Phasen bis zum Neumond in umgekehrter Reihenfolge.

Wenn der Mond im Sichelstadium ist, scheint oft auch ganz schwach seine »nächtliche« Seite. Daran ist nichts Mysteriöses; es ist von der Erde auf den Mond reflektiertes Sonnenlicht, das sogenannte Erdlicht.

Die Umlaufzeit des Mondes beträgt 27,3 Tage, aber da sich auch die Erde um die Sonne bewegt, ist das Intervall von einem Neumond zum nächsten – der sogenannte synodische Monat – 29,5 Tage lang.

Der Abstand des Mondes von der Erde schwankt zwischen 356395 Kilometer als größter Erdnähe (Perigäum) und 406766 Kilometer als größer Erdferne (Apogäum). Im Mittel liegt er also bei 384365 Kilometer. Durch einen merkwürdigen Zufall – um etwas anderes kann es sich nicht handeln – wirken Mond- und Sonnenscheibe, von uns aus gesehen, fast gleich groß; der Durchmesser der Sonne beträgt zwar das Vierhundertfache des Mondes, aber sie ist auch vierhundertmal weiter entfernt. Das bedeutet, daß, wenn bei Neumond Sonne, Mond und Erde exakt in einer Linie liegen, der Mond die Sonnenscheibe völlig verdecken und damit eine Sonnenfinsternis hervorrufen kann. Sonnenfinsternisse wiederholen sich nicht jeden Monat, weil die Umlaufbahn des Mondes um etwas über fünf Grad geneigt ist und der Neumond meistens ungesehen entweder ober- oder unterhalb der Sonne den Himmel überquert. Das ist schade, denn eine totale Sonnenfinsternis ist zweifellos das prachtvollste Naturschauspiel. Sobald ihre strahlende Oberfläche verdeckt ist, wird die Atmosphäre der Sonne sichtbar, und wir erblicken ihre herrliche Korona mit den aufflammenden Materiewolken, den sogenannten Protuberanzen. Nie dauert eine Totalität länger als acht Minuten, meistens viel weniger; wenn die Sonnenscheibe nicht völlig verdeckt ist, sieht man Korona und Protuberanzen nicht. Die letzte von England aus sichtbare totale Sonnenfinsternis ereignete sich 1927, und die nächste wird erst am 11. August 1999 stattfinden, aber wenn Sie nicht so lange warten möchten, sollten Sie vielleicht eine Reise in den Südatlantik am 30. Juni 1992 oder nach Peru oder wiederum Brasilien am 3. November 1994 planen.

Eine Mondfinsternis wird ganz offenkundig nicht dadurch verursacht, daß etwas anderes den Mond verdeckt, weil er der uns nächste Himmelskörper ist. Sie tritt dann auf, wenn der Mond genau in den Schatten der Erde wandert, so daß er nicht mehr von der Sonne beschienen wird und eine trübe, oft kupferne Färbung annimmt. In den meisten Fällen verschwindet er nicht vollständig, da einige Sonnenstrahlen durch die Atmosphäre der Erde gebrochen und auf

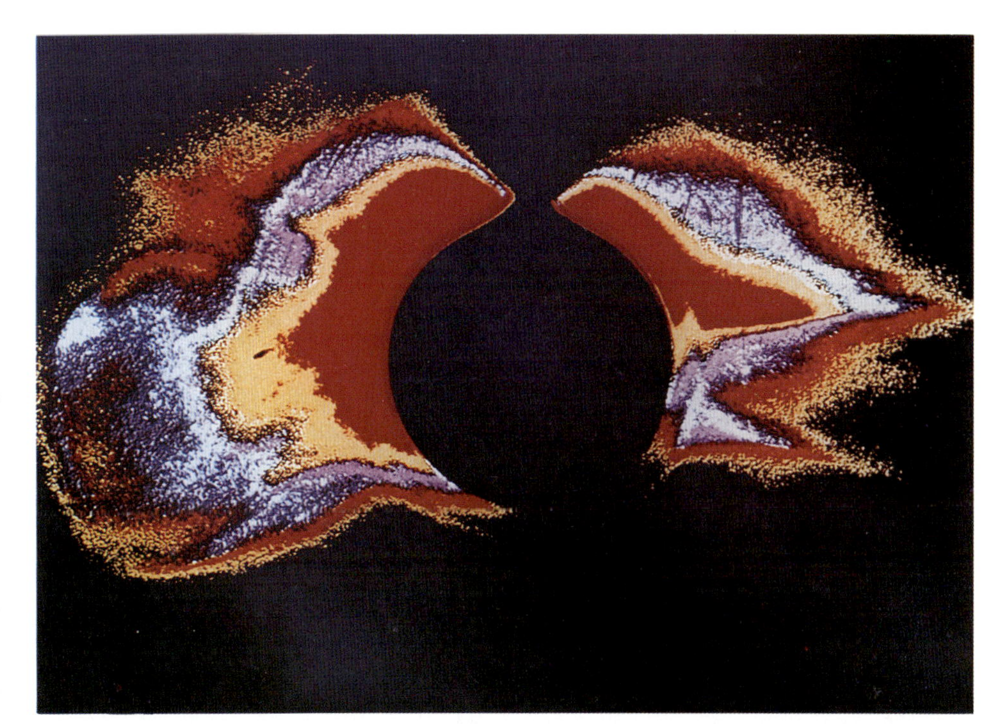

Oben: Eine spektakuläre Sonnenprotuberanz. Für ihre Bewegung sind im wesentlichen lokale Magnetfelder verantwortlich.

Ganz oben: Die äußere Sonnenatmosphäre oder Korona, hier entsprechend den verschiedenen Helligkeitsstufen koloriert, erstreckt sich Millionen von Kilometern ins All. Das Photo ist eine Aufnahme vom Skylab.

Eine totale Mondfinsternis. Vollkommene Schwärze tritt nie ein, die jeweilige Färbung ergibt sich aus der irdischen Atmosphäre.

ihn abgelenkt werden; allerdings sind manche Mondfinsternisse wesentlich »dunkler« als andere – vor allem, wenn sich nach einem größeren Vulkanausbruch viel Staub in den oberen Luftschichten der Erde befindet. Die Mondfinsternis von 1884, nicht lange nach dem Ausbruch des Krakatoa, war zum Beispiel wirklich sehr finster.

Mondfinsternisse können total oder partiell sein. Im Gegensatz zu Sonnenfinsternissen sind sie gemächliche Angelegenheiten, und eine Totalität kann bis zu 1 Stunde 44 Minuten dauern. Sehr bedeutsam sind Mondfinsternisse nicht, aber durchaus sehenswert. Die nächsten totalen Mondfinsternisse werden am 9. Dezember 1992, am 4. Juli 1993, am 29. November 1993 und am 4. April 1996 stattfinden – und können von jedem Punkt der Erde aus verfolgt werden, an dem der Mond zu der Zeit über dem Horizont steht.

Da Sonne, Erde und Mond alle 18 Jahre und 10¼ Tage wieder dieselbe relative Position einnehmen (der sogenannte Saros-Zyklus), ist es wahrscheinlich, daß auf jede Finsternis 18 Jahre und 10¼ Tage später eine gleichartige Finsternis folgt. Die Übereinstimmung ist nicht exakt, aber einigermaßen, so daß selbst im Altertum Finsternisse vorausgesagt werden konnten.

In Verbindung mit Finsternissen gibt es zahlreiche wahre Geschichten. Eine davon betrifft Christoph Kolumbus. Während seiner berühmten Seereise ankerte sein Schiff einmal vor Jamaika, und es kam zu Problemen, als die Eingeborenen sich weigerten, ihn mit Lebensmitteln zu beliefern. Kolumbus erzählte ihnen, daß er, würde sie seinen Wünschen nicht nachkommen, dafür sorgen würde, daß der Mond »seine Farbe wechselt und sein Licht verliert«. Er wußte, daß eine Mondfinsternis fällig war – und als sie begann, waren die Jamaikaner so entsetzt, daß sie Kolumbus prompt in den Stand einer Gottheit erhoben und ihm alle Vorräte sandten, die er benötigte!

Es ist nicht ganz akkurat, zu sagen, der Mond kreise um die Erde. Genau genommen, bewegen sich beide um ihr gemeinsames Gravitationszentrum, das sogenannte Baryzentrum. Sie sind wie die zwei Enden einer geschwungenen Hantel, allerdings mit einem gewichtigen Unterschied: da bei der Hantel beide Enden gleich schwer sind, liegt das Gravitationszentrum oder der »Balancepunkt« in der Mitte der Hantel. Die Erde dagegen hat 81mal mehr Masse als der Mond, so daß der Balancepunkt verschoben ist; tatsächlich befindet sich das Baryzentrum innerhalb der Erdkugel, etwa 1705 Kilometer unter ihrer Oberfläche. Ich gebe jedoch zu, daß die übliche Aussage »der Mond kreist um die Erde« für die meisten Zwecke ausreicht.

Die Erde rotiert alle 24 Stunden einmal um ihre Achse, der Mond braucht dazu wesentlich länger, nämlich 27,3 Tage – genauso lange wie für seinen Umlauf. Deshalb wendet er uns immer dieselbe Seite zu. Um sich dies zu veranschaulichen, gehen Sie um einen Stuhl herum, und drehen Sie sich dabei so, daß Ihr Gesicht stets dem Stuhl zugewandt ist. Jemand, der auf dem Stuhl sitzt, wird nie Ihren Rücken sehen – und wir, die wir auf der Erde sitzen, erblicken nie den »Rücken« des Mondes. Bevor die Russen 1959 eine Rakete zum Mond entsandten, wußten wir nicht definitiv, wie er »von hinten« aussah, obgleich sich unsere

Vorstellungen als ziemlich wirklichkeitsnah erwiesen.

Man beachte, daß der Mond zwar der Erde, nicht aber der Sonne immer dieselbe Seite zuwendet, so daß überall auf dem Mond tags und nachts dieselben Bedingungen herrschen – abgesehen davon, daß von der erdabgewandten Seite aus die Erde nie sichtbar ist. Ist erst einmal die Sonne über dem Mond aufgegangen, so geht sie dort erst nahezu zwei irdische Wochen später wieder unter.

Das ist nichts Rätselhaftes und auch kein reiner Zufall. In seiner Frühgeschichte war der Mond der Erde näher als heute und drehte sich weitaus schneller. Er war noch kein ganz fester Körper, so daß die Erdanziehung starke Flutwellen auf ihm und damit tendenziell eine erdwärts gerichtete »Ausbuchtung« verursachte. Als Resultat verlangsamte sich die Rotation, ebenso wie sich ein Rad verlangsamt, wenn es sich zwischen zwei Bremsbacken dreht. Schließlich hörte die Rotation relativ zur Erde ganz auf, und der heutige Zustand war erreicht. Alle anderen größeren Trabanten der Planeten weisen eine ähnlich »gebundene« oder synchrone Rotation auf. Titan zum Beispiel braucht 15 Tage 23 Stunden zur Vollendung eines Umlaufs um Saturn – und ebenfalls 15 Tage 23 Stunden, um sich einmal ganz um seine Achse zu drehen.

Zwar ist die Rotationsgeschwindigkeit des Mondes konstant, nicht aber seine Umlaufgeschwindigkeit; den Gesetzmäßigkeiten des Sonnensystems folgend, ist sie im Perigäum am höchsten und im Apogäum am niedrigsten. Das bedeutet, daß im Laufe eines Monats Rotation und Umlauf etwas außer Takt geraten und der Mond ganz langsam hin und her zu schwingen scheint, so daß uns einmal seine östlichen, einmal seine westlichen Randgebiete mehr zugekehrt sind. Dies wird als »Libration in der Länge« bezeichnet. Es gibt auch eine »Libration in der Breite«, die durch die Neigung des Mondäquators gegen die Mondbahnebene entsteht, und schließlich eine »parallaktische« oder »tägliche« Libration, wenn man den Mond von verschiedenen Punkten der Erde aus anvisiert. Als Folge all dieser Librationen können wir insgesamt 59 Prozent der Mondoberfläche sehen, allerdings nie mehr als 50 Prozent auf einmal. Nur 41 Prozent sind permanent nicht in Sicht, aber auch die Randgebiete sind optisch so verkürzt, daß sie kartographisch schwer darzustellen sind.

Wie jeder weiß, geht der Mond in östlicher Richtung auf und in westlicher Richtung unter. Das liegt daran, daß die Erde von Westen nach Osten um ihre Achse rotiert. Auch der Mond bewegt sich auf seiner Umlaufbahn von Westen nach Osten. Daher sieht es so aus, als würde er sich auf dem Hintergrund der Sterne täglich um etwa 13 Grad ostwärts verschieben (man erinnere sich, daß die sichtbare Scheibe eines Vollmondes ca. einen halben Grad mißt). Die scheinbare Bahn, die, von uns aus gesehen, der Mond am Himmel beschreibt, unterscheidet sich nicht wesentlich von derjenigen der Sonne, welche als Ekliptik bezeichnet wird. Als Vollmond steht er der Sonne am Himmel gegenüber, und deshalb befindet er sich für Betrachter in der nördlichen Hemisphäre um Mitternacht genau im Süden.

Im nächsten Diagramm sieht man den Winkel der Ekliptik gegen den Horizont für März und September. Im März ist er am steilsten. Der Mond wandert in 24 Stunden von Position 1 nach Position 2, das heißt, der Zeitpunkt seines Aufgangs variiert deutlich von einer Nacht zur

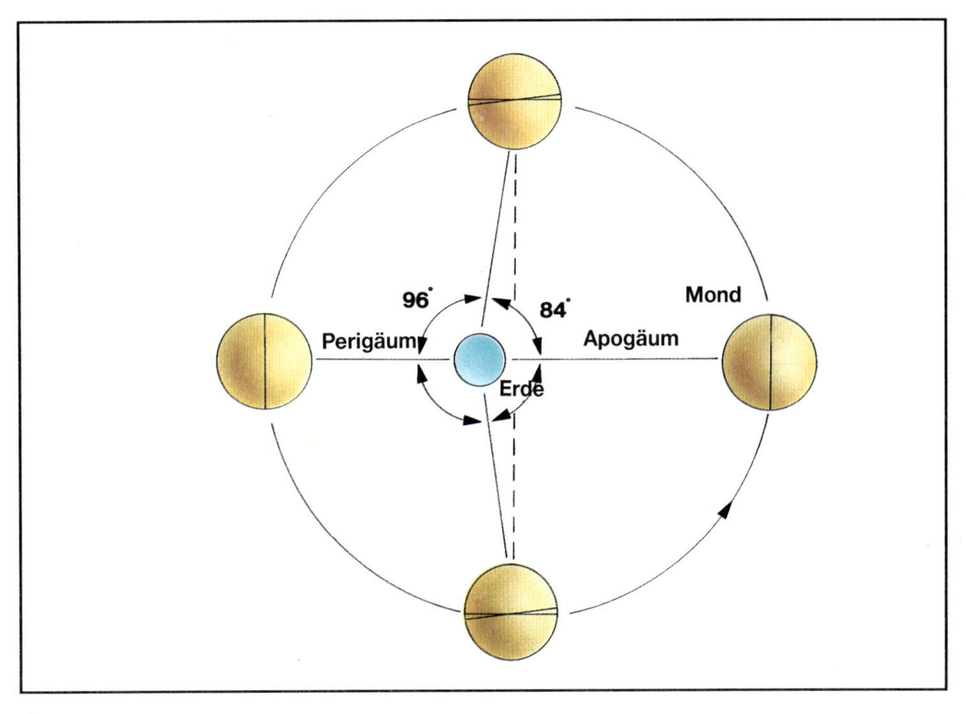

Diagramm zur Veranschaulichung der Libration in Länge. Zur näheren Erklärung siehe Text.

Rechts: Diagramm, das den veränderlichen Winkel der Ekliptik zeigt (zur Erläuterung siehe untenstehenden Text).

Unten: Der »Erntemond«.

nächsten – seine »Verzögerung« ist deutlich. Im September ist der Winkel viel flacher, und obwohl der Mond sich auf dem Hintergrund der Sterne um dieselbe Strecke weiterbewegt – mit anderen Worten, der Abstand zwischen 1 und 2 in beiden Teilen des Diagramms derselbe ist –, wird die Verzögerung geringer. Sie beträgt manchmal nur eine Viertelstunde, egal, wo auf der Erdoberfläche man sich befindet.

Es heißt oft, daß im September der Vollmond mehrere Abende hintereinander zur selben Zeit aufgeht. Das stimmt nicht, eine Verzögerung ist immer wahrnehmbar, aber weitaus weniger als in anderen Monaten. Der Vollmond im September in England wird als »Erntemond« bezeichnet, denn er pflegte für die Bauern eine nützliche zusätzliche Lichtquelle in einer besonders geschäftigen Zeit zu sein; den nächsten Vollmond nennt man den »Mond des Jägers«.

Häufig wird behauptet, der »Erntemond« sei größer als ein gewöhnlicher Mond, aber das trifft nicht zu – und ebenso falsch ist es, zu sagen, der Vollmond sei tief über dem Horizont größer als hoch oben am Himmel. Das ist die berühmte Mondillusion. Sie ist seit Jahrhunderten bekannt, aber trotzdem *nur* eine Illusion und sonst nichts, was man feststellen kann, wenn man ihn ausmißt.

Zuletzt will ich noch kurz Sternbedekkungen erwähnen. Bei seinem Lauf durch den Tierkreis gelangt der Mond manchmal vor einen Stern und bedeckt oder verfinstert ihn. Da ein Stern eine punktartig erscheinende Lichtquelle ist und der Mond keine Atmosphäre hat, erfolgt die Verfinsterung ganz plötzlich; der Stern scheint stetig, bis er von dem vorbeiziehenden Mond bedeckt wird und wirkt unvermittelt wie ausgeknipst. Bei einer vorhandenen Mondatmosphäre würde der Stern mehrere Sekunden lang flackern, bevor er verschwindet – das war einer der frühesten Beweise dafür, daß es auf dem Mond keine Luft gibt. Wenn das nächste Mal die Bedekkung eines hellen Sterns stattfindet, beobachten Sie sie, wenn möglich; sie kann recht spektakulär sein.

Der Mond und die Erde

Erdaufgang über dem Mond.

Da der Mond uns so nahe ist, beeinflußt er die Erde, abgesehen von der Sonne natürlich, mehr als jeder andere Himmelskörper. Insbesondere ist er hauptverantwortlich für Ebbe und Flut.

Viele Menschen haben eine verworrene Vorstellung von den Gezeiten, und in der Tat ist die ganze Theorie sehr kompliziert, so daß ich zunächst versuchen will, sie soweit wie möglich zu vereinfachen. Man denke sich die gesamte Erde bedeckt von einem flachen Ozean und Erde und Mond bewegungslos. Auf dem Diagramm sehen wir eine Flut bei Punkt A und eine weitere bei Punkt B. Die Flut A ist einigermaßen einsichtig, weil durch die Schwerkraft des Mondes das Wasser angehoben wird (die Erdkruste ebenfalls, aber in weitaus geringerem Maße). So weit, so gut, aber warum existiert die Flut B auf der gegenüberliegenden Seite der Erde?

Es ist ziemlich irreführend, zu sagen, wie es viele Bücher tun, die Erde würde vom Wasser »weggezogen«; also nehmen wir an, daß der Mond einfach die Erde insgesamt anzieht. Punkt A, der dem Mond am nächsten liegt, ist davon am stärksten betroffen, so daß dort ein Tidenhub stattfindet. Für Punkt B gilt das Gegenteil. Die Anziehungskraft wirkt hier am schwächsten, so daß das Wasser sozusagen »zurückbleibt« und das Resultat eine zweite Flut ist.

Als nächstes stelle man sich vor, daß Erde und Mond einen konstanten Abstand voneinander haben, die Erde jedoch in 24 Stunden einmal um sich selbst rotiert. Die Flutberge drehen sich natürlich nicht mit, sondern verbleiben »unter« dem Mond, und es scheint, als ob sie in 24 Stunden einmal um die Erde schwappten, so daß in jeder Region zweimal täglich Ebbe und zweimal täglich Flut herrscht.

Nun können wir beginnen, einige der vielen Komplikationen ins Spiel zu bringen. Zunächst bewegt sich der Mond auf seiner Umlaufbahn, so daß sich der Tidenhub entsprechend jeden Tag überall um durchschnittlich 50 Minuten verschiebt. Ebensowenig sind die beiden Fluten gleich. Auf dem nächsten Diagramm ist ein Tidenhub bei Punkt C zu erkennen; zwölf Stunden später hat sich Punkt C nach C' bewegt, wo ebenfalls Flut herrscht – wegen der Neigung der Erdachse (AX) aber keine gleich hohe. Wenn der erste Tidenhub durch den Abstand CD repräsentiert wird, so entspricht der zweite dem Abstand C'D', der offensichtlich kleiner ist. Dies wird als »tägliche Ungleichheit« der Gezeiten bezeichnet.

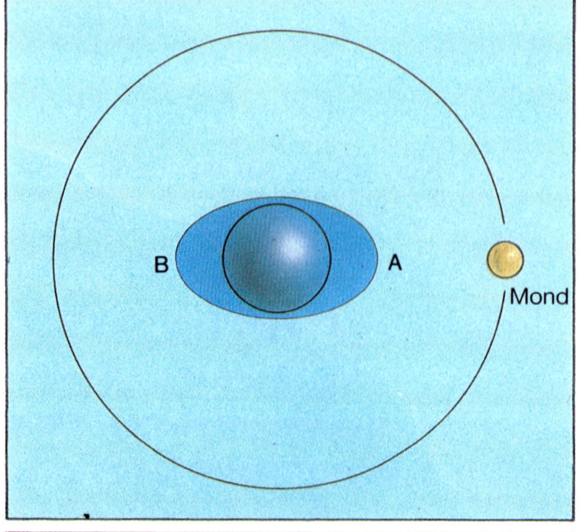

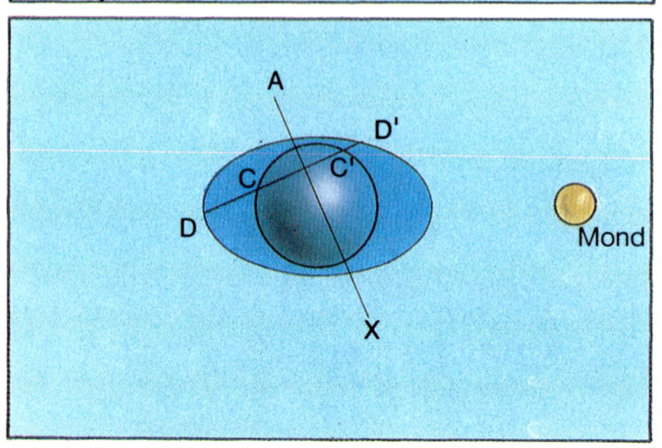

Schematische Darstellung vom Einfluß des Mondes auf die irdischen Gezeiten. Zur näheren Erklärung siehe Text.

In Wirklichkeit ist die Erde auch nicht von einer einheitlich flachen Wasserhülle umgeben. Die Meere haben unterschiedliche Formen und Tiefen, und lokale Einflüsse sind wesentlich. Außerdem benötigt das Wasser einige Zeit, um sich zu heben, so daß der maximale Tidenhub nicht direkt »unter« dem Mond liegt; es kommt zu einer deutlichen Verzögerung, und der höchste Flutberg folgt dem Mond in einem zeitlichen Abstand, der von den örtlichen Gegebenheiten abhängt. Ebenso haben wir die wechselnde Entfernung des Mondes von der Erde zu berücksichtigen, da seine Anziehungskraft im Perigäum am größten ist.

Als nächstes müssen wir uns der Sonne zuwenden und sehen uns hier mit einer Situation konfrontiert, die seltsam erscheinen mag. Die Anziehungskraft der Sonne auf die Erde ist weitaus größer als die des Mondes, aber die Sonne ist auch 400mal weiter entfernt, und was die Gezeiten angeht, ist das, worauf es ankommt, der Unterschied zwischen der Anziehungskraft auf den Erdmittelpunkt und den direkt unterhalb der Sonne befindlichen Punkt. Die Sonnenfluten sind nicht einmal halb so mächtig wie die Mondfluten; bei diesem speziellen Tauziehen hat es der Mond leicht, Sieger zu bleiben. Wirken Sonne und Mond aus der gleichen Richtung ein (oder aus der genau entgegengesetzten, was auf dasselbe herauskommt), erhalten wir starke Fluten, sogenannte Springfluten. Befinden sich ihre Gravitationskräfte im rechten Winkel zueinander, treten schwächere oder Nippfluten auf. Eine Springflut gibt es also bei Neu- oder Vollmond, eine Nippflut bei Halbmond. (In diesem Zusammenhang sollen zwei astronomische Begriffe erwähnt werden. »Syzygien« bezeichnen beim Mond die Phasen von Neumond und Vollmond, bei der »Quadratur« bilden Mond und Sonne, von der Erde aus gesehen, einen Winkel von 90°).

Ebenso wie die Erde die Rotation des

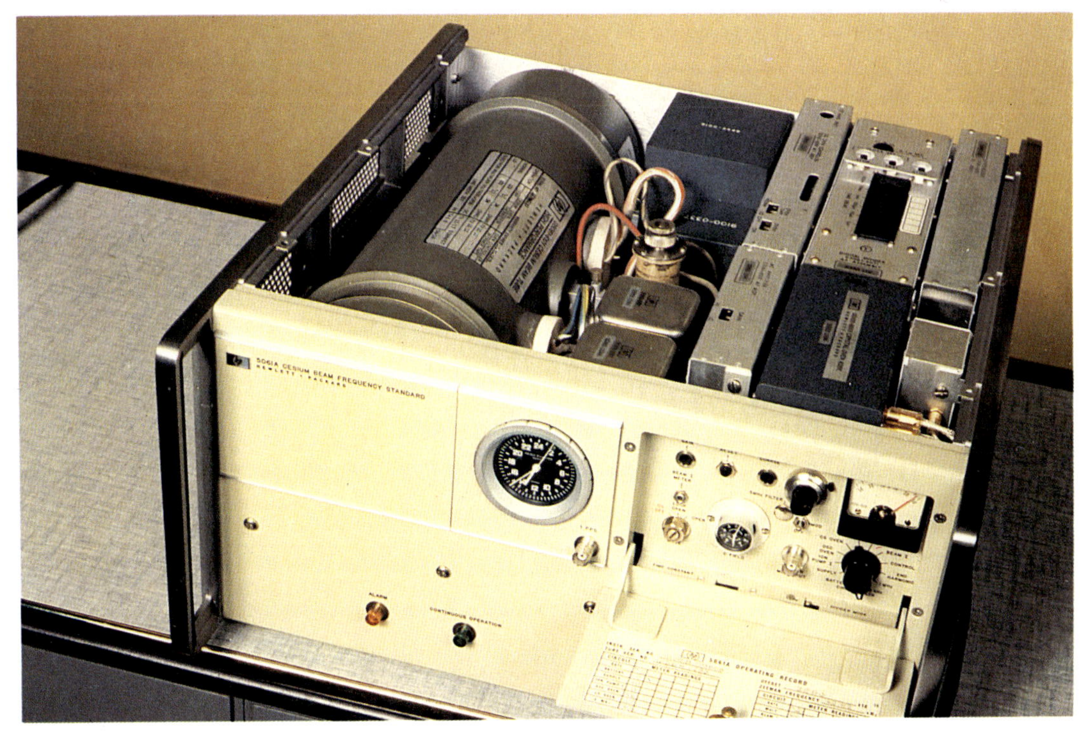

Oben: Die Themse-Schleuse, 1982 fertiggestellt, soll die Londoner vor einer möglichen Überschwemmung bei Springfluten in Verbindung mit abnormen Wetterlagen schützen.

Mondes verlangsamt hat, verlangsamen die vom Mond hervorgerufenen Gezeiten die Drehung der Erde – nicht annähernd im gleichen Umfang, aber durchaus meßbar. Im Durchschnitt bewirken die Mondfluten eine Verlängerung des »Tages« um eine fünfzigstel Sekunde in 1000 Jahren oder 0.00000002 Sekunden täglich. Außerdem kommt es zu willkürlichen Variationen der Rotationsgeschwindigkeit, die von Verlagerungen und Veränderungen im Innern der Erde selbst verursacht werden. Deshalb müssen wir unsere Uhren ab und zu nachstel-

Links: Diese Atomuhr im Royal Greenwich Observatory bedient sich der periodischen Schwingung von Zäsiumatomen zur präzisesten Zeitmessung, die gegenwärtig bekannt ist.

Ein Lichthof um die Sonne, zusammen mit Fetzen von Zirrostratus-Wolken, die für diesen Effekt verantwortlich sind.

len, denn moderne Atomuhren sind bessere Zeitmesser als die Erde (so mußte 1990 eine »Schaltsekunde« eingefügt werden, um Uhren und Erde wieder in Übereinstimmung zu bringen).

Eine weitere Folge der Gezeiten ist die, daß der Mond allmählich von der Erde wegdriftet. Sein Abstand wächst um drei bis vier Zentimeter pro Jahr, was nicht sehr viel ist, aber nachweisliche Auswirkungen hat. Wenn jeder Tag 0.00000002 Sekunden länger ist als der vorangegangene, war vor einem Jahrhundert (36 525 Tagen) ein Jahr 0.00073 Sekunden kürzer. Zwischen heute und damals war dann der Tag durchschnittlich um die Hälfte dieses Wertes, also 0.00036 Sekunden kürzer als jetzt. Da jedoch mittlerweile 36 525 Tage vergangen sind, beträgt die totale Abweichung $36\,525 \times 0.00036 = 13$ Sekunden. Deshalb ist die Position des Mondes, wenn man sie zurückrechnet, falsch; es scheint, als hätte er sich zu weit, d. h. zu schnell, bewegt. Dies ist die »säkulare Beschleunigung« des Mondes. Sie offenbart sich, wenn wir die Anzahl der Mondfinsternisse in der Vergangenheit ermitteln.

Würde der Mond sich weiterhin mit seiner jetzigen Geschwindigkeit von der Erde wegbewegen, so hätten wir schließlich einen Zustand, in dem sein Abstand zu uns 547 162 km betrüge und ein »Tag« gleich einem »Monat« und 47mal so lang wäre wie heute. In Wirklichkeit kann das jedoch nie geschehen, weil es zu lange dauert. Bevor dieses Stadium erreicht ist, werden sowohl Mond als auch Erde durch Veränderungen der Sonne zerstört.

Was ist mit anderen Auswirkungen, die angeblich dem Mond zuzuschreiben sind? Es ist zum Beispiel behauptet worden, Erdbeben könnten durch vom Mond erzeugte Schwingungen des Erdmantels ausgelöst werden, aber dafür fehlen Beweise. Mit Sicherheit existiert keine Verbindung zwischen Mond und Wetter. Ein »Hof um den Mond« zeigt oft an, daß Regen zu erwarten ist, jedoch wird dieser Hof durch eine sogenannte Zirrostratus-Wolke in über 6000 Meter Höhe gebildet, und diese Wolke ist es – nicht der Mond selbst –, der uns den Hinweis liefert. Auch das Pflanzenleben bleibt unbeeinflußt, und nur wenige Bauern glauben heute noch wie ihre Urgroßväter, daß es unvernünftig ist, bei Neumond zu säen. Ich will hier nichts über Astrologen sagen, denn ein Astrologe mit echten Fähigkeiten ist ungefähr so häufig anzutreffen wie ein weißes Rhinozeros, erwähnen muß ich dagegen die angebliche Verbindung zwischen Mond und Schlafwandlern.

Schließlich behauptet Jerome Pearson in den Vereinigten Staaten, ohne den Mond wäre die irdische Luft nie atembar geworden, weil sich dann kein Magnetfeld und somit auch kein pflanzliches Leben entwickelt hätte. Pearson vermutet, daß der Mond einst ein unabhängiger Planet war, der in einem frühen Stadium der Geschichte des Sonnensystems von der Erde eingefangen wurde. Beim Näherkommen erzeugte er eine Gezeitenreibung im Innern der Erde und damit genügend Wärme, um den Kern zu schmelzen; die eisenreiche Materie begann umherzuwirbeln, und ein magnetisches Feld bildete sich heraus. Sobald dies geschehen war, konnte Leben entstehen, indem Pflanzen die unfruchtbaren Landmassen besiedelten, einen Großteil des atmosphärischen Kohlendioxyds aufnahmen und ihn durch freien Sauerstoff ersetzten. Das ist eine spekulative, reizvolle These.

Die Kartographie des Mondes

Der erste Mensch, der den Mond durch ein Fernrohr beobachtete, war Engländer. Sein Name war Thomas Harriot, zeitweise Privatlehrer von Sir Walter Raleigh. Er war immer an den Wissenschaften interessiert und konnte sich 1609 eines der soeben erfundenen Teleskope beschaffen; seine Mondkarte zeigte zumindest einige der Hauptmerkmale in annähernd richtigen Positionen. Der große Italiener Galilei war es jedoch, der als erster das Fernrohr in der Astronomie systematisch nutzte und Anfang 1610 eine Reihe von Entdeckungen machte, die zu einer völligen Veränderung des Weltbildes führten. Zum Beispiel sah er die Jupiter-Monde, die Venus-Phasen, die Polarkappen von Mars, die Millionen Sterne der Milchstraße und die Gebirge und Krater des Mondes.

Die großen, dunklen Flecken auf der Mondoberfläche sind für jedermann sichtbar. Früher hielt man sie für Meere, und sie haben heute noch so romantische Namen wie Meer der Ruhe (Mare Tranquillitatis auf Latein), Ozean der Stürme (Oceanus Procellarum), Regenbogenbucht (Sinus Iridum) und so fort, obwohl wir seit langem wissen, daß es auf dem Mond nie Wasser gegeben hat und die »Meere« nichts anderes sind als ehemals mit Lava gefüllte Tiefebenen. Andererseits finden wir zahlreiche Gebirge, Täler, Verwerfungen, Rücken und kreisförmige Strukturen, die Krater, Wallebenen oder Ringgebirge sein können.

1645 zeichnete Johann Hevelius, ein wohlhabender Amateur aus Danzig, eine wesentlich verbesserte Mondkarte. Er gab den Gebirgen irdische Namen wie Apenninen oder Alpen. Sechs Jahre später präsentierte ein italienischer Jesuit, der Astronom Riccioli, eine neue Karte und hatte die gute Idee, die Krater nach berühmten Personen zu benennen – meistens, wenn auch nicht immer, nach Astronomen. Sein System ist nach wie vor gültig, obgleich einige Teile verändert und viele Namen hinzugefügt wurden. Manche scheinen für den Mond etwas unerwartet. Berühmte Himmelsforscher wie Ptolemäus, Galilei und Kopernikus sind vertreten, und Riccioli vergaß auch nicht, eine große und bedeutende Formation nach sich selbst zu benennen.

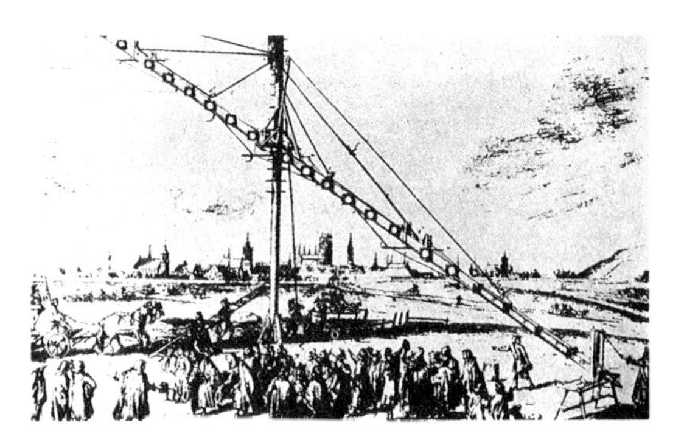

Links: Das Himmelsfernrohr, das Hevelius im 17. Jahrhundert benutzte. Seine Mondkarte war die beste ihrer Zeit.

Unten: Giovanni Battista Ricciolis Mondkarte, 1651 gezeichnet. Er hatte die Idee, Krater nach berühmten Leuten zu nennen.

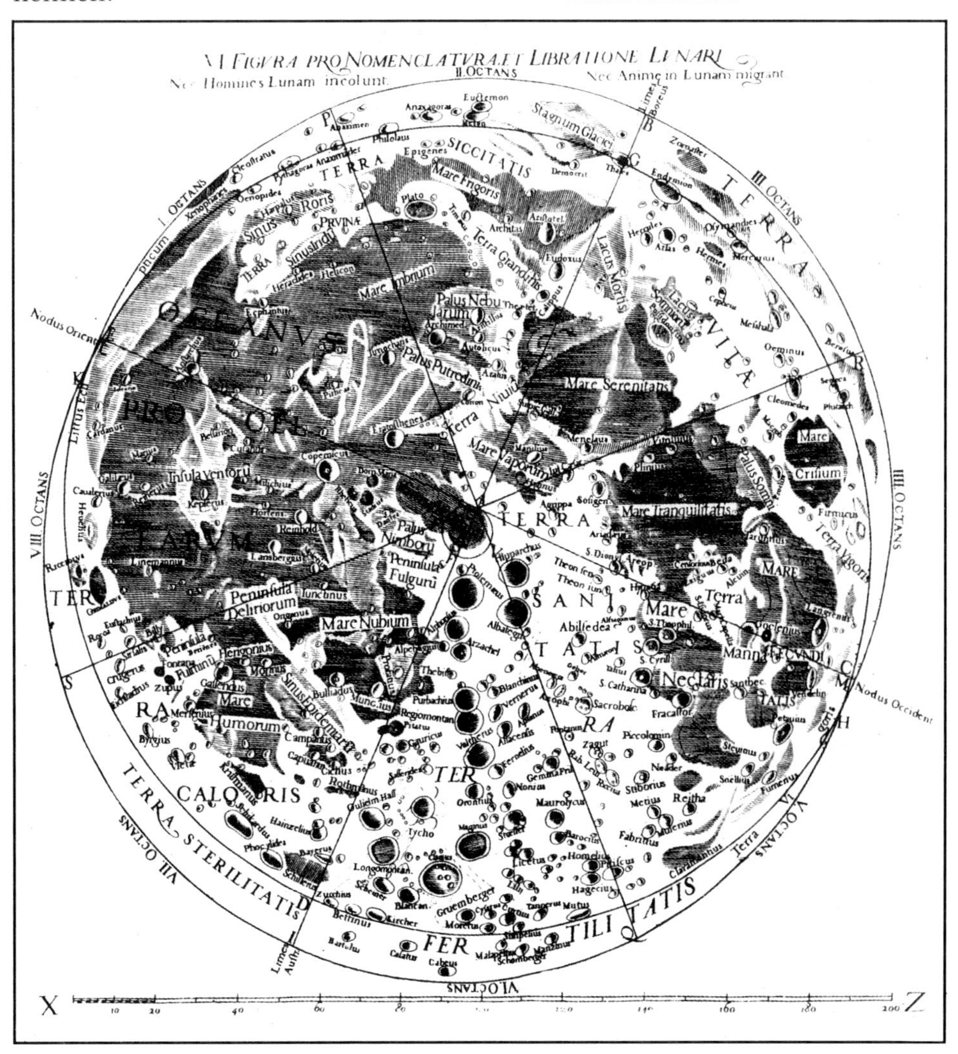

Johann Schröters Teleskop in Lilienthal gegen Ende des 18. Jahrhunderts.

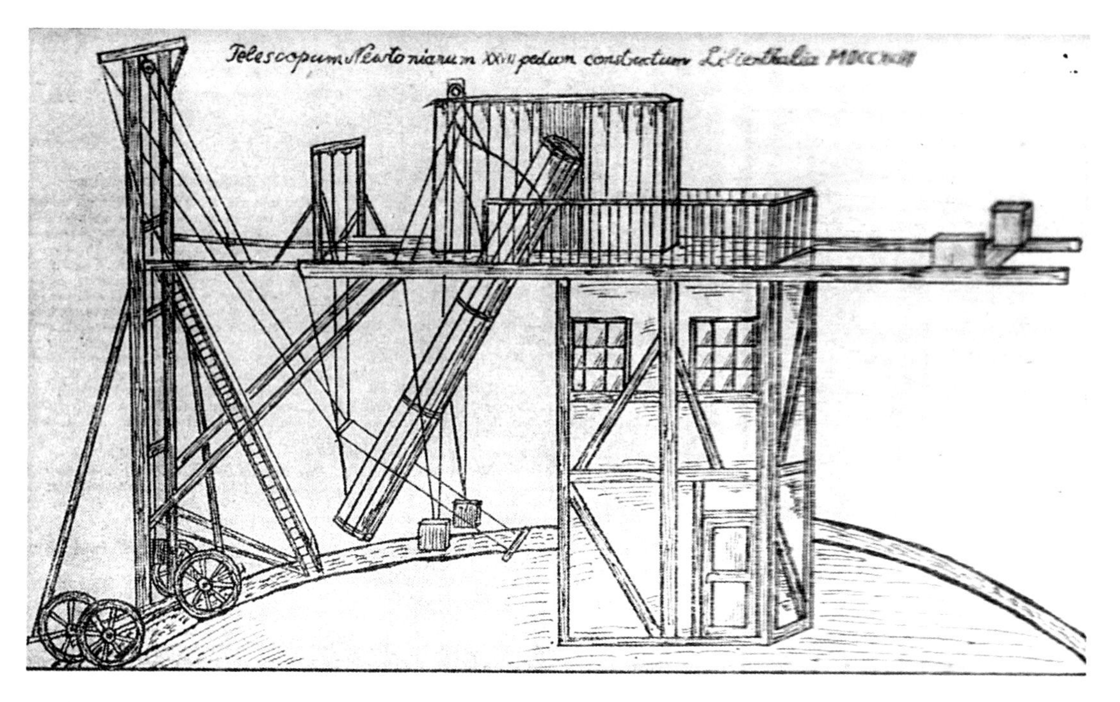

Natürlich konnte nur ein Teil des Mondes kartographisch aufgenommen werden, da, wie wir gesehen haben, uns der Rest stets abgewandt ist. Überdies sind die »Librationsgebiete« optisch so verkürzt, daß man sie schwer erfassen kann, und es ist nicht leicht, den Unterschied zwischen einem Krater und einem Gebirgszug auszumachen. Obgleich reguläre Krater rund sind, stellen sie sich elliptisch dar, wenn sie weit genug vom Zentrum entfernt liegen; Plato z. B. ist mit einem Durchmesser von 96 Kilometer vollkommen kreisförmig, erscheint jedoch von der Erde aus oval.

Der erste, der den Mond wirklich im Detail erfaßte, war Johann Hieronymus Schröter, dessen Werk 1778 begann und 1814 ein trauriges Ende fand, als angreifende französische Truppen sein Observatorium plünderten und selbst seine Teleskope mitnahmen, deren Messingrohre sie irrtümlich für golden hielten. Schröter fertigte hervorragende Zeichnungen von der Mondoberfläche an und berechnete sogar die Höhe der Gebirge, indem er ihre Schatten maß, aber ihm unterlief ein schwerer Fehler: er glaubte, der Mond hätte eine einigermaßen dichte Atmosphäre, und seine Landschaft wäre ständigen Veränderungen unterworfen. Allerdings ging er nicht so weit wie William Herschel, der davon überzeugt war, der Mond sei bewohnt.

Herschel war ein gebürtiger Hannoveraner, kam aber schon als junger Mann nach England und wurde Organist in der Stadt Bath (das Haus, in dem er eine Zeitlang lebte, wurde inzwischen in ein Herschel-Museum umgewandelt). In den 1770ern begann er, sich für Astronomie zu interessieren und seine eigenen Fernrohre zu bauen. Als er 1781 eine Himmelskarte anfertigte, stieß er auf einen Körper, der mit Sicherheit kein Stern war und sich als ein neuer Planet, nämlich Uranus, erwies. Sogleich wurde er berühmt und zum Hofastronom von Könige George III. ernannt. Er konnte die Musik als Einnahmequelle aufgeben und den Rest seines Lebens der Astronomie widmen. Vermutlich war er der größte Himmelsbeobachter, der je gelebt hat, und der erste, der ein einigermaßen zutreffendes Bild von der Form unseres Sternsystems präsentierte, aber seine Ansichten über »außerirdisches« Leben waren seltsam extrem. Er schrieb, die Bewohnbarkeit des Mondes sei »eine absolute Gewißheit«, und glaubte sogar, in einer angenehm kühlen Region unter der Sonnenoberfläche könnten intelligente Lebewesen existieren.

Dann gab es noch Franz von Paula Gruithuisen, einen tatkräftigen deutschen Astronomen. 1822, in dem Jahr, als Herschel starb, verkündete er, er hätte auf dem Mond eine echte Stadt entdeckt mit »dunklen, gigantischen Wällen, die sich in jeder Richtung 23 Meilen weit erstrecken und zu beiden Seiten eines im Zentrum gelegenen Hauptwalls angeordnet sind... ein Kunstwerk«. In Wirklichkeit handelt es sich bei seinen »dunklen, gigantischen Wällen« um niedrige, wahllos verstreute Hügelketten.

1833 begab sich Sir John Herschel, der Sohn des Uranus-Entdeckers, mit einem großen Teleskop zum Kap der Guten Hoffnung, um die Sterne am Südhimmel zu studieren, die in Europa nie sichtbar sind, weil sie nicht über den Horizont steigen. Nachrichten wurden damals nur langsam übermittelt, und der Reporter einer New Yorker Zeitung, der »Sun«, sagte sich, es würde einige Zeit dauern, bevor Herschel von einer Geschichte hören würde, die der Reporter erfand. Also veröffentlichte die »Sun« eine Reihe von Artikeln, in denen es hieß, Herschel hätte einen völlig neuen Fernrohrtyp entwickelt, mit dem man alle möglichen Mondwunder sehen könnte, von Saphir-Felsen und aktiven Vulkanen bis zu riesigen weißen Vögeln, blauen Tieren mit Bärten und einem »merkwürdigen amphibischen Wesen, das sich mit großer Geschwindigkeit über den Kieselstrand wälzte«. Der Höhepunkt war die Beschreibung lunarer Fledermausmenschen mit gelben Gesichtern und kupferfarbigem Haar. Viele Leute fielen darauf herein, und es heißt, ein Frauenverein in Massachusetts sei so weit gegangen, sich mit der Frage an Herschel zu wenden, wie man sich am besten mit den Fledermausmenschen in Verbindung setzen und sie zum Christentum bekehren könnte. Der Schwindel wurde bald aufgedeckt, wurde jedoch als ein großartiger Spaß empfunden, und allen Berichten zufolge reagierte Herschel eher amüsiert als verärgert.

Mittlerweile hatten zwei Deutsche, Wilhelm Beer und Johann von Mädler, mit Hilfe des kleinen Teleskops in Beers Observatorium eine neue Mondkarte gezeichnet. Sie erschien 1838 und war ein Meisterwerk an sorgfältiger, genauer Beobachtung, so daß sie jahrelang die beste Karte blieb. Im Gegensatz zu Schröter hielten Beer und Mädler den Mond für eine unveränderliche Welt ohne Luft und Wasser. Die Folge war, daß viele Astronomen ihn nicht mehr beachteten; welchen Sinn hatte es, wenn sich dort nie etwas tat?

Dieser Zustand dauerte bis 1866 an, als Julius Schmidt, Direktor des Athener Observatoriums, eine überraschende Ankündigung machte. Er behauptete, ein kleiner, tiefer Krater im Meer der Heiterkeit (Mare Serenitatis) sei verschwunden und durch einen weißen Fleck ersetzt worden. Tatsächlich gilt es heute als sicher, daß in Wirklichkeit keine Veränderung stattgefunden hatte, aber die Angelegenheit rief großes Interesse hervor, und viele Astronomen begannen erneut, ihre Aufmerksamkeit dem Mond zuzuwenden. Neue Karten erschienen, und inzwischen war auch die Photographie auf den Plan getreten.

Das erste Mondphoto wurde bereits 1840 von J.W. Draper aufgenommen, und der Pariser François Arago schrieb, es werde nun möglich, den gesamten

Eine Schrägansicht der Mondrückseite, aufgenommen von Apollo 10 bei 155° östlicher Länge und 10° südlicher Breite im Gebiet westlich von Kepler.

Unten: Der Krater Daedalus auf der Rückseite des Mondes.

Ganz unten: Das weiße, einen Schatten werfende Objekt im Kreis ist Surveyor 1 auf der Oberfläche des Mondes. Die Aufnahme wurde am 22. Februar 1967 von Lunar Orbiter III gemacht und zeigt ein Gebiet von 120 × 170 m.

Mond »in ein paar Minuten« kartographisch zu erfassen. Das stellte sich jedoch als nicht ganz so einfach heraus. Der erste wirklich detaillierte Mondatlas kam erst 1899 heraus, aber es war offenkundig besser, sich der Kamera anstatt des menschlichen Auges zu bedienen.

Noch in unserem Jahrhundert wurde es für denkbar gehalten, daß der Mond eine Art von Atmosphäre hat – wesentlich dünner als unsere, jedoch dicht genug, um Meteoroiden verglühen zu lassen; in diesem Fall gäbe es am Mondhimmel Sternschnuppen. Der amerikanische Astronom W. H. Pickering studierte die dunklen Flecken in einigen Mondkratern und wies darauf hin, es könnte sich dabei um niedrigwüchsige Pflanzen oder sogar Insektenschwärme handeln, während auch in Betracht gezogen wurde, daß es Frost- oder Schneeablagerungen sein könnten. All diese Theorien wurden in den 1950er Jahren mit Beginn des Weltraumzeitalters hinweggefegt.

Die ersten Erfolge kamen 1959, als die Russen drei unbemannte Raumfahrzeuge zum Mond entsandten. Im Januar flog Lunik 1 in einem Abstand von weniger als 6500 Kilometer an ihm vorbei und brachte wichtige Informationen mit zurück; zum Beispiel wurde festgestellt, daß der Mond kein nachweisbares Magnetfeld hat. Im September darauf machte Lunik 2 eine Bruchlandung auf der Mondoberfläche, aber Lunik 3, im Oktober gestartet, lieferte bei der Rückkehr zur Erde die ersten Bilder von der Rückseite des Mondes, seinem bisher verborgenen Teil.

Es erstaunte nicht, daß die Rückseite sich als der schon bekannten Seite ziemlich ähnlich erwies. Im Detail gab es Unterschiede, zum Beispiel weniger »Meere«, aber ebenfalls Gebirge, Täler, Krater und Verwerfungen. Die Russen hatten es eilig, die soeben gefundenen Oberflächenmerkmale zu benennen; ein riesiger Krater mit Zentralberg erhielt zu Ehren des großen Raketenpioniers Ziolkowskij dessen Namen. Ein anderes Strukturelement sah aus wie ein Kettengebirge, jedoch zeigten spätere Aufnahmen, daß es sich lediglich um einen hellen Streifen handelte – und die »Sowjetischen Berge« wurden hastig von den Karten entfernt.

Zwischen August 1966 und August 1967 starteten die Amerikaner fünf Orbiter-Raumsonden, die in geschlossenen Umlaufbahnen um den Mond gesandt wurden und Tausende hochwertiger Photos lieferten, welche nahezu die gesamte Oberfläche erfaßten. Als Orbiter 5 am 31. Januar 1968 eine vorsätzliche Bruchlandung auf der Mondoberfläche machte, war die Kartographie des Mondes abgeschlossen.

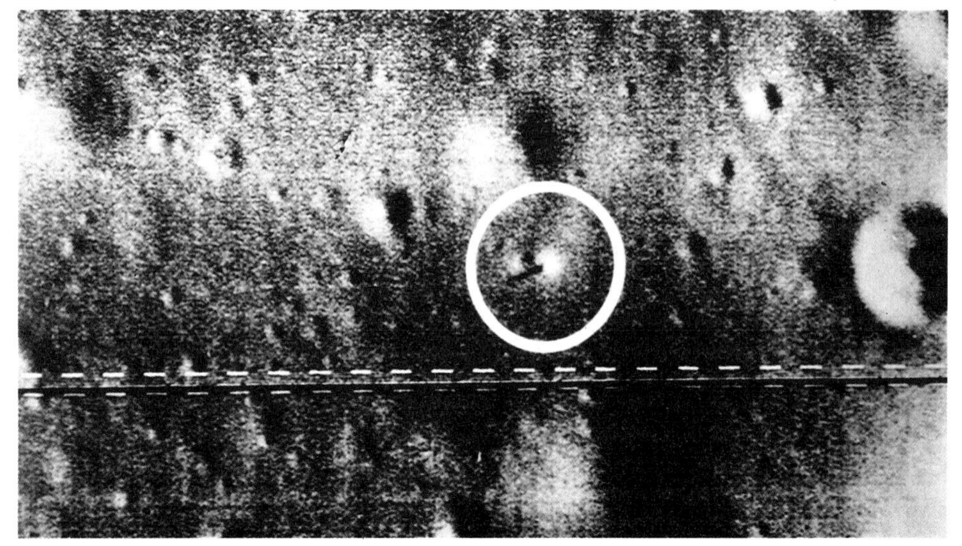

Die lunare Welt

Viele Menschen finden es höchst interessant, den Mond mit einem kleinen Teleskop oder auch einem Feldstecher zu betrachten, weil es dort soviel zu sehen gibt. Außerdem verändert sich wegen der im wechselnden Winkel einfallenden Sonnenstrahlen seine Gestalt ständig. In der Nähe des Terminators – das heißt, der Grenze zwischen beleuchtetem und unbeleuchtetem Gebiet – tritt ein Krater deutlich hervor und wirft Schatten auf seinen Boden; später, wenn die Schatten schrumpfen, wird er weniger leicht zu finden sein, und bei Vollmond, wenn das Sonnenlicht gerade auf ihn fällt und praktisch gar keine Schatten existieren, kann ein Krater ganz schwer zu identifizieren sein – falls er nicht besonders hell angestrahlt wird oder (wie Plato) einen außergewöhnlich dunklen Boden hat. Sich auf dem Mond zurechtzufinden, ist nicht so schwierig, wie man annehmen sollte, allerdings braucht man Zeit und Geduld. Um die Vollmondzeit herum wird das Bild von den hellen Strahlen dominiert, die von einigen Kratern, vor allem Tycho im südlichen Hochland und Copernicus im Wolkenmeer (Mare Nubium), radial nach außen verlaufen.

Bei einer kurzen Beschreibung der verschiedenen Oberflächenmerkmale müssen wir mit den Meeren oder *Maria* anfangen, die große Gebiete auf dem der Erde zugewandten Teil des Mondes bedecken. Am hervorstechendsten ist das Mare Imbrium oder Regenmeer, das mehr oder weniger kreisförmig und von Gebirgen gesäumt ist; im Süden wird es durch die Apenninen und Karpathen begrenzt, im Norden liegen die Alpen, durchschnitten von einem prachtvollen 129 Kilometer langen Tal, bei richtiger Beleuchtung ein schöner Anblick. Es gibt Krater im Mare Imbrium, aber insgesamt ist es ebener als die helleren, »Terrae« genannten Regionen.

Mit dem bloßen Auge eines Betrachters von der nördlichen Hemisphäre aus gesehen, befindet sich das Mare Imbrium im linken oberen Teil der Mondscheibe. Die meisten astronomischen Teleskope jedoch liefern ein umgekehrtes oder auf dem Kopf stehendes Bild, auf dem das Mare Imbrium rechts unten liegt.

Nicht alle Meere sind so ebenmäßig wie das Mare Imbrium, und nicht alle sind von hochragenden Gebirgen begrenzt. Der Oceanus Procellarum oder Ozean der Stürme zum Beispiel – größer als unser Mittelmeer – ist viel weniger präzise umrissen, das Mare Frigoris oder Meer der Kälte dagegen lang und schmal, so daß es wie ein bloßer Lava-Sturzbach wirkt. Man beachte außerdem, daß die meisten größeren Maria miteinander verbunden sind; so gibt es eine Öffnung in dem Gebirge zwischen dem Mare Imbrium und dem angrenzenden Mare Serenitatis (Meer der Heiterkeit), an das sich wiederum das Mare Tranquillitatis (Meer der Ruhe) anschließt, wo 1969 die ersten Apollo-Astronauten landeten. Einige Meere sind zwar einzeln klar ausgeprägt, stehen aber in Verbindung mit größeren Maria-Gebieten – so etwa das Mare Humorum (Meer der Feuchtigkeit) und das Mare Nectaris (Honigmeer).

Das Mare Crisium (Meer der Gefahren) ist insofern eine Ausnahme, als es abseits liegt. Es ist mit bloßem Auge deutlich erkennbar und enthält wenige gut zu erkennende Krater. Es scheint in nord-südlicher Richtung länger zu sein, aber in Wirklichkeit ist sein ost-westlicher Durchmesser etwas größer; wir müssen eine optische Verkürzung berücksichtigen. Manche Maria liegen auch so nahe am Rand, daß es von der Erde aus schwierig ist, sie überhaupt zu identifizieren. Eines davon ist das Mare Orientale oder Östliche Meer zwischen Oceanus Procellarum und dem Rand. Es ist so ungünstig gelegen, daß es nur bei besonders ausgeprägter Libration zu sehen ist. Ich hatte die Ehre, es zu entdecken und zu benennen, als ich lange vor dem Weltraumzeitalter die Librationsgebiete kartographisch erfaßte – durch einen Erlaß der Internationalen Astronomischen Union wurden 1966 jedoch »Osten« und »Westen« offiziell vertauscht, so daß mein *Östliches* Meer sich jetzt am westlichen Mondrand befindet!

Die lunaren *Gebirge* ragen hoch auf, einige Apenninen-Gipfel zum Beispiel über 4570 Meter. Die Höhenbestimmungen erfolgen durch die Messung ihrer Schatten (was zuerst Galilei und später und präziser Schröter ausführte). Es gibt zahlreiche andere Bergketten, etwa das Haemus-Gebirge, das die südliche Grenze des Mare Serenitatis bildet, und außerdem viele vereinzelte Berggipfel und Hügelgruppen. Pico, nördlich von

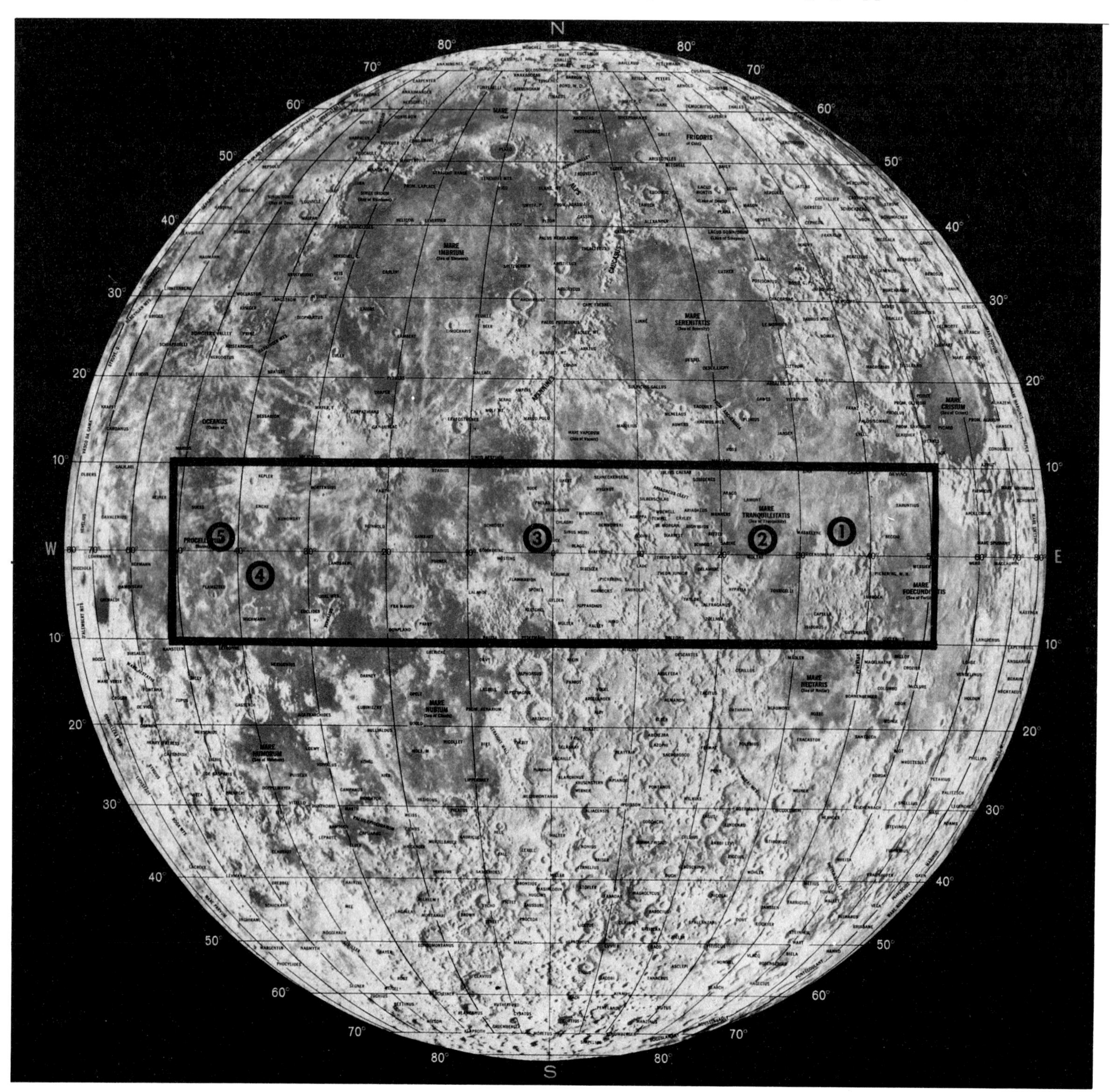

Diese mit Photos erstellte Karte vom Mond wurde für die Apollo-8-Astronauten vorbereitet, die Plätze für die erste Mondlandung sondieren sollten. Die Wahl fiel schließlich auf Gebiet 3.

Plato im Mare Imbrium gelegen, ist ein hervorragendes Beispiel für einen Mondberg – und man sehe sich nur die Gerade Wand im Mare Nubium an, die in der Tat gerade ist und sehr eigenartig wirkt.

Der ganze Mond wird natürlich von den *Kratern* beherrscht. Sie sind überall, dicht gehäuft in den hellen Hochlandgebieten, aber ebenfalls in den Maria und sogar auf Bergspitzen zu finden. Grundsätzlich ist ein Mondkrater rund, kann jedoch von späteren Formationen beschädigt und entstellt worden sein, so daß es zahlreiche Exemplare gibt, die so schlimm zugerichtet wurden, daß es sich jetzt nur noch um unvollständige »Geister« mit niedrigen Wänden handelt.

Es wäre falsch, sich einen Krater als tiefen, steilwandigen Brunnen oder Bergwerksschacht vorzustellen. Sicher, sein Boden mag sich tief unterhalb der Wallebene befinden – über 6000 Meter

Links: Die Mondoberfläche. Die Apenninen und Alpen verlaufen von rechts zur Mitte hin. Links liegt das Mare Serenitatis.

Dieser Blick auf den Mondhorizont ist eine Aufnahme vom Apollo-12-Mutterschiff und bietet eine spektakuläre Sicht auf den Krater Eratosthenes.

Die erste Nahaufnahme des Kraters Copernicus, von Lunar Orbiter II aus mit einem Teleobjektiv gemacht. Der Blick fällt vom Südrand des Kraters genau nach Norden. Die vom flachen Kraterboden aufragenden Berge sind 300 m hoch und haben ein Gefälle von bis zu 30°. Der 900 m hohe Berg am Horizont ist der Gay Lussac in den Karpathen.

in einigen Fällen –, aber die Wälle selbst erheben sich im allgemeinen nicht weit über das generelle Niveau, und wenn man einen Krater in Seitenansicht sehen könnte, erschiene er eher wie eine flache Untertasse. Auch erreichen die Zentralberge niemals die Höhe der Wälle. Könnte man einen Deckel über einen Mondkrater legen, würde er einen etwaigen Gipfel in seinem Innern nicht einmal streifen.

Manche Krater haben mächtige, terrassenförmige Wälle. Dies gilt zum Beispiel für den Copernicus im Mare Nubium und den Theophilus am Rande des Mare Nectaris, deren beider Durchmesser rund 96 Kilometer beträgt, und die beide zentrale Berggruppen aufweisen. Bei anderen finden wir keine größeren Zentralerhebungen, sondern einen fast ebenen Boden, so etwa bei Plato. Eine weitere bedeutende Formation ohne Zentralberg ist Ptolemaeus, nahe dem Zentrum der Mondscheibe gelegen, der einen Durchmesser von 148 Kilometer, jedoch ziemlich niedrige Wälle hat.

Ptolemaeus ist die nördlichste von drei riesigen Wallebenen; die anderen zwei sind Alphonsus und Arzachel. Tatsächlich gibt es viele Beispiele für Kraterketten und -gruppen, deren Verteilung auf der Mondoberfläche keineswegs wahllos ist. Man sehe sich etwa das großartige Trio Theophilus, Cyrillus und Catharina an oder die Gruppe im Mare Imbrium, bestehend aus Archimedes, Arisillus und Autolycus, während wir am westlichen Rand den gewaltigen, dunkel markierten Grimaldi zusammen mit Riccioli und einem erheblich kleineren Krater, Hevelius, vorfinden, der einen konvexen Boden und relativ niedrigen Zentralberg hat. Eine lange Reihe mächtiger Rundgebilde zieht sich am östlichen Rand entlang, von Furnerius im Süden über Petavius, Vendelinus, Langrenus, Cleomedes und Endymion; auch das Mare Crisium kann man in diese Kette einbeziehen.

Manche Krater haben hell glänzende Wälle. Am hellsten ist Aristarchus im Oceanus Procellarum; sein Durchmesser beträgt nur 37 Kilometer, aber er glitzert selbst dann, wenn er lediglich von Erd-

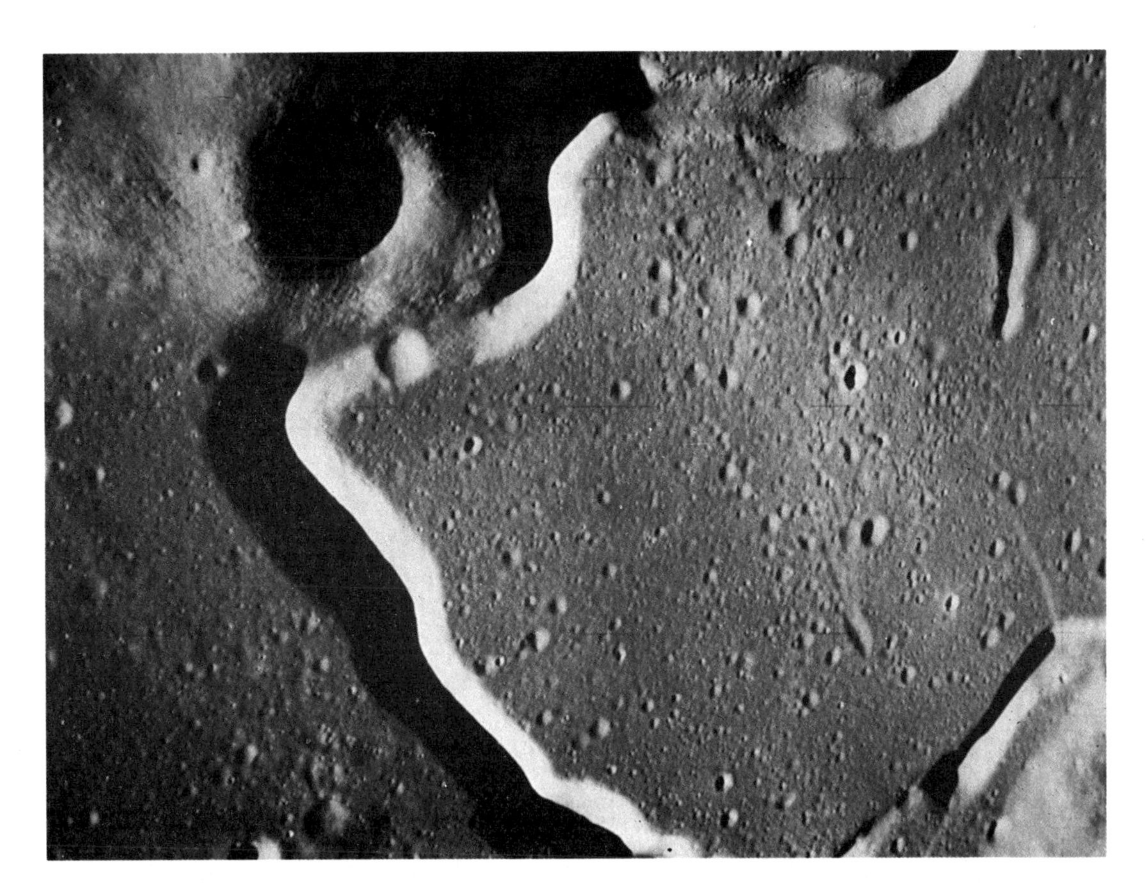

Der Landeplatz von Apollo 15, der eine riesige Rille aufweist.

licht angestrahlt wird, und selbst ein guter Beobachter wie William Herschel verwechselte ihn mehrmals mit einem ausbrechenden Vulkan. Proclus, am Rand des Mare Crisium gelegen, ist ebenfalls ein kleiner, leuchtender Krater; und es gibt zahlreiche andere.

Der typische Krater hat zwar einen tieferliegenden Boden, jedoch existieren ein paar Ausnahmen, von denen die berühmteste Wargentin nahe dem Südwestrand ist. Er hat einen Durchmesser von 88,5 Kilometer und ist bis zum Rand mit Lava gefüllt, so daß er den Charakter einer Hochebene hat.

Wenn ein Krater in einem anderen entsteht, wie es Tausende von Malen vorkommt, so ist der neue fast immer der kleinere von beiden, so daß auch hier wieder eine offenkundig nichtzufällige Verteilung vorliegt. Auch gibt es zahlreiche Fälle, in denen benachbarte Kleinstkrater miteinander verschmolzen sind. Das sogenannte Rheita-Tal im südöstlichen Hochland ist ein Beispiel dafür; sein Name ist irreführend, denn es handelt sich nicht um ein echtes Tal.

Rillen, auch Spalten oder Klüfte genannt, sind linienförmige Strukturen, die sich kilometerlang hinziehen können und bei oberflächlicher Betrachtung wie Risse in getrocknetem Lehm aussehen. Manche von ihnen sind leicht zu erkennen, am besten vielleicht die Ariadaeus-Rille in der Nähe des Mare Vaporum (Meer der Dünste), die über 160 Kilometer lang ist. Nicht weit entfernt die Hyginus-Rille, die teilweise aus einer Aneinanderkettung von Kleinstkratern besteht und selbst 6,4 Kilometer breit ist. Hier und da gibt es ganze Rillensysteme oder auch Rillen auf den Böden von Kratern. Sehr deutlich erkennt man eine grabenartige Struktur innerhalb der Wallebene Petavius, die vom Zentralberg zum südwestlichen Wall verläuft.

Nahe dem hellen Aristarchus und seinem dunkleren Gefährten, dem Krater Herodot, befindet sich ein besonders interessantes, leicht U-förmiges Gebilde, das zu Ehren seines Entdeckers den Namen Schröter-Tal trägt. Bei richtiger Beleuchtung bietet es einen prachtvollen Anblick.

Verwerfungen sind recht häufig, aber oft nicht gut erkennbar. Bekanntestes

Der Oceanus Procellarum, 1966 von Kommandant H. R. Hatfield, R. N., photographiert. Der Krater mit den hellen Strahlen ist Kepler.

Beispiel ist die Gerade Wand an der Ostseite des Mare Nubium, die in Wirklichkeit gar keine Wand ist. Sie senkt sich nach Westen hin um 250 Meter, so daß man von Osten her auf dem Gipfel eines ziemlich steilen Abgrundes steht, während man von Westen her auf eine hohe Klippe blickt. Ihre Gesamtlänge beträgt 130 Kilometer. In nicht allzu ferner Zukunft wird sie zweifellos eine Touristenattraktion sein ...

Die *Dome* sind beulenartige Bodenerhebungen, oft mit einer Öffnung auf ihrer Kuppe. Sie sind, da sehr niedrig, nicht ganz leicht zu finden, in manchen Regionen jedoch recht zahlreich.

Außerdem gibt es noch die *hellen Strahlen*, die von einigen Kratern ausgehen. Um die Vollmondzeit sind zwei Strahlensysteme, nämlich die von Tycho und Copernicus, so auffällig, daß sie alle anderen Details nahezu unsichtbar machen. Da sie alle sonstigen Strukturen überlagern, handelt es sich eindeutig um Oberflächenphänomene, und wenn das Sonnenlicht im flachen Winkel auf sie fällt, sind sie nicht zu sehen. Die Strahlen von Tycho und Copernicus haben ihr

Zentrum nicht in den Kratern selbst. Die Strahlensysteme des Kleinkraterpaares Messier und Messier A im Mare Fecunditatis (Meer der Fruchtbarkeit) verlaufen nur in eine Richtung.

Den schönsten Anblick auf dem gesamten Mond bietet meiner Meinung nach die Sinus Iridum (Regenbogenbucht), die ans Mare Imbrium grenzt. Wenn dort die Sonne aufgeht, erfassen ihre Strahlen natürlich zuerst die Bergspitzen, und der gebirgige Saum der Bucht wirkt wie in die Dunkelheit projiziert und erscheint als eine Formation, die oft als »juwelenbesetzter Henkel« bezeichnet wird. Sie ist nur kurz sichtbar, aber nicht zu verkennen.

Heute glauben die meisten Astronomen, daß Krater und Maria durch Einschläge entstanden sind. Nach seiner Formation vor rund 4600 Millionen Jahren war der Mond lange Zeit einem Meteoritenhagel ausgesetzt, der von vor etwa 4200 Millionen Jahren bis vor 3900 Millionen Jahren andauerte, so daß sich die Haupt-»Meere« wie das Mare Imbrium sowie zahlreiche Krater bildeten. Danach, vor 3900 bis 3200 Millionen Jahren, kam es zu erheblicher vulkanischer Tätigkeit; Magma quoll aus dem Mondinnern hoch und überflutete die Becken, so daß die heutigen Maria entstanden. Anschließend wurde der Mond mehr oder weniger inaktiv, abgesehen

Blick auf eine Fläche mit riesigen Gesteinsbrocken im Taurus-Littrow-Gebirge südwestlich des Mare Serenitatis. Das Photo wurde von Apollo 17 aufgenommen.

davon, daß gelegentliche Einschläge neue Krater erzeugten. Nach dieser Darstellung sind selbst die jüngsten der größeren Krater, wie etwa Tycho, nach irdischen Maßstäben sehr alt und stammen aus der Zeit unseres Präkambriums.

Universelle Einigkeit besteht jedoch nicht; es wird auch behauptet, die Hauptkrater und Maria seien internen Ursprungs und eher mit vulkanischen Calderen als mit Einschlaglöchern wie etwa dem Meteoritenkrater in Arizona verwandt. Die nichtzufällige Verteilung würde zum Beispiel nicht auf ein wahlloses Bombardement von außen hinweisen. Es soll hier nicht ins Detail gegangen werden; meine eigene Ansicht ist die, daß die Entstehung der Krater im wesentlichen auf einen internen Prozeß zurückzuführen ist, aber mir ist klar, daß ich mich damit gegenwärtig in der Minderheit befinde.

Auf jeden Fall ist der Mond heute kaum aktiv. Es gibt zuverlässige Berichte von lokalen Erhellungen und Verdunkelungen, die anscheinend von kleineren Gasausstößen verursacht werden, mit Sicherheit jedoch nicht gewaltsam genug sind, um augenfällige Veränderungen der Mondoberfläche zu bewirken.

Früher glaubte man, die Oberfläche des Mondes, besonders der Maria, sei dick mit feinem Sandstaub bedeckt. Das erwies sich als nicht zutreffend, aber dennoch ist eine erhebliche Menge Sand vorhanden, wie man am Fuße dieses Felsens erkennen kann (Apollo 17).

Mondflüge

»Die Menschen könnten ebensogut versuchen, den Mond zu erreichen, wie den stürmischen Nordatlantik mittels Dampfkraft zu überqueren.« Das waren 1840 die Worte des berühmten Wissenschaftlers Dr. Dionysius Lardner in einer Ansprache an die British Association. Der Atlantik war bald erobert, aber der erste Flug zum Mond ließ noch etwas auf sich warten – genauer, bis zum 20. Juli 1969, als Neil Armstrong und Edwin Aldrin mit der Landefähre von Apollo 11 im Meer der Ruhe aufsetzten. Ich befand mich in diesem Moment in einem Fernsehstudio der BBC, wo ich einen Live-Kommentar abgab; ich war ein oder zwei Tage zuvor von einer Konferenz in Amerika zurückgekehrt. Als ich Neil

Astronaut Edwin Aldrin jr., Pilot der Mondlandefähre von Apollo 11, entlädt das Early Apollo Scientific Experiments Package (EASEP). Das Bild wurde von Neil Armstrong aufgenommen.

Armstrongs Stimme sagen hörte: »The *Eagle* has landed«, war ich nur einer von Millionen Menschen in aller Welt, die eine Woge der Erleichterung verspürten. Stunden später trat Neil Armstrong auf den Mond hinaus, und wir vernahmen die unvergessenen Worte: »Dies ist ein kleiner Schritt für einen Menschen – aber ein gewaltiger Sprung für die Menschheit.«

Es war in der Tat ein gewaltiger Sprung; das Unternehmen war in jedem Falle gefährlich, und sei es deshalb, weil selbst damals die wahre Beschaffenheit der Mondoberfläche noch ungewiß war. Die »Treibsand«-Theorie war widerlegt worden, weil amerikanische und russische Raumsonden weiche Landungen vorgenommen und dabei keinerlei Anzeichen für ein Wegsinken hatten erkennen lassen, aber bei der gesamten Apollo-Planung gab es eine wichtige Schwachstelle: für eine Bergung war keine Vorsorge getroffen. Wäre ihre Landung nicht perfekt gewesen, hätte die Mondfähre nicht wieder starten können. Überdies existierte nur ein einziges Triebwerk für den Wiederaufstieg, das beim ersten Versuch fehlerfrei funktionieren mußte.

Im November 1969 brachte Apollo 12 die Astronauten Conrad und Bean auf

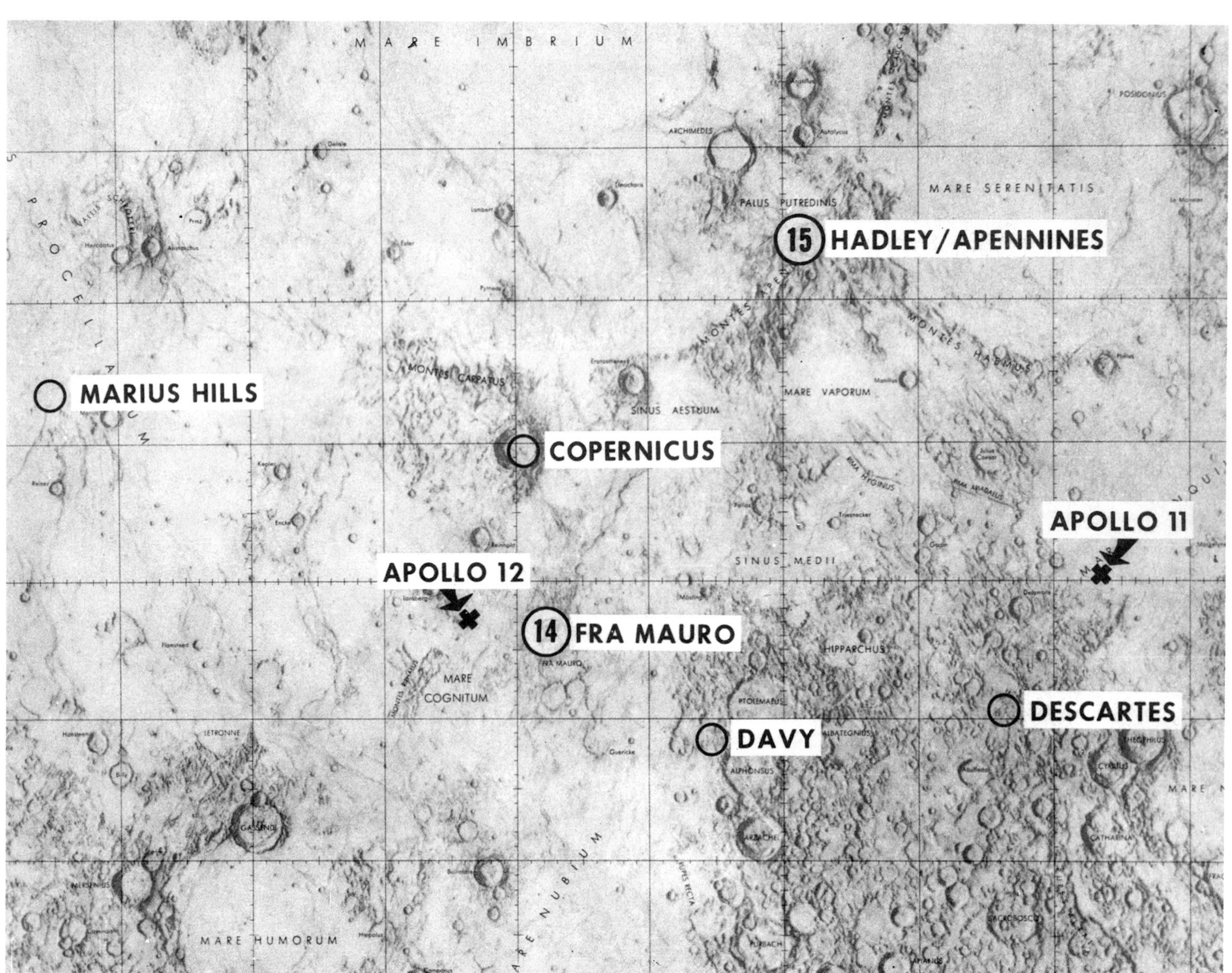

Landeplätze für die Apollo-Mondfähren. Als die Karte angefertigt wurde, hatten erst die Apollo-Missionen 11 und 12 stattgefunden, Apollo 11 im Juli 1969 und Apollo 12 im November desselben Jahres.

Landefähren-Pilot James Irwin (Apollo 15) neben dem Mondauto, im Hintergrund Mount Hadley.

den Mond. Diesmal fand die Landung im Oceanus Procellarum statt, nahe der alten Sonde Surveyor 3, die sich seit April 1967 hier befand. Conrad und Bean konnten zu ihr hinüberlaufen und Stücke abbrechen, die auf der Erde analysiert werden sollten. Das Unternehmen Apollo 13 im April 1970 wurde dagegen fast zu einer Katastrophe. Schon auf dem Hinweg ereignete sich eine heftige Explosion, und es war nur einer Kombination aus Mut, Geschicklichkeit und (offen gesagt) Glück zu verdanken, daß die Astronauten Lovell, Haise und Swigert unverletzt überlebten.

Dies war der Tiefpunkt des ganzen Programms. Vier weitere Missionen folgten, alle erfolgreich. Kommandant von Apollo 14 (Februar 1971) war Alan Shepard, der nur zehn Jahre zuvor der erste Amerikaner im Weltraum gewesen war; er und Thomas Mitchell landeten bei der Kraterruine Fra Mauro im Mare Nubium und bedienten sich einer »Karre«, um ihre Ausrüstung zu transportieren, so daß sie eine Entfernung von über drei Kilometern zurücklegen konnten. Die letzten drei Missionen waren von einer neuen Entwicklung bestimmt. Es wurden Mondautos mitgenommen, mit denen die Astronauten auf der Mondoberfläche herumfuhren. Apollo 15 landete mit David Scott und James Irwin am Fuße der Apenninen; man fuhr bis zum Rande eines großen Tals. Apollo 16 nahm mit John Young und Charles Duke die erste Landung im Hochland vor, und zwar in der Nähe des Kraters Descartes, und Apollo 17 schließlich, mit Eugene Cernan und Harrison Schmitt an Bord, kam am Taurus-Gebirge, nicht weit entfernt vom Mare Serenitatis, auf. Dr. Schmitt war Geologe, der speziell für diese Mission ein Astronautentraining absolviert hatte, und ist bis heute der einzige professionelle Wissenschaftler, der je auf dem Mond war.

Auch die Russen waren in der Zwischenzeit nicht untätig geblieben. Ihre

Das erste fernsteuerbare Mondgefährt war Lunochod 1, das mit Luna 17 zum Mond transportiert wurde. Die »Wanne« in der Mitte des Fahrzeugs hatte einen Druckausgleich, und die Kontrollautomatik operierte mit einem Druck von 1 Erdatmosphäre. Lunochod 1 war ein knappes Jahr in Betrieb.

Raumsonde Luna 9 hatte im Januar 1966 die erste weiche Landung im Oceanus Procellarum geschafft, so daß die Treibsandtheorie endlich aufgegeben wurde. 1970 landete Luna 16 im Mare Fecunditatis, entnahm eine Bodenprobe von 100 Gramm und brachte sie zur Erde zurück. Bei zwei weiteren, ähnlichen Unternehmungen entnahmen Luna 20 (1972) und 24 (1976) Bodenproben aus dem Gebiet des Mare Crisium. Ebenfalls bemerkenswert waren die beiden Lunochods von 1970 und 1973; es waren fernsteuerbare Fahrzeuge, die von Lunas zum Mond transportiert wurden und dort herumfuhren, um Photos zu machen und Experimente verschiedener Art durchzuführen. Lunochod 1 legte im Mare Imbrium 10,5 Kilometer zurück und lieferte während eines elfmonatigen Einsatzes 20000 Aufnahmen. Lunochod 2 erreichte den Mond am Krater Le Monnier, nicht weit entfernt von der Region, die von Apollo 17 erforscht worden war, und war fast ebenso produktiv. Obwohl beide schon lange nicht mehr in Betrieb sind, wissen wir genau, wo sie sich befinden, und sie werden zweifellos irgendwann einmal in ein Mondmuseum wandern. Dasselbe wird mit den von den letzten drei Apollos hinterlassenen Mondautos geschehen. Da es auf dem Mond keine Luft und also auch kein »Wetter« gibt, ist dort nichts, was sie beschädigen könnte; man muß lediglich neue Batterien einsetzen und kann einfach losfahren.

Die einzige Mondsonde seither war Hagomoro 1, der erste Versuch der Japaner. Sie wurde im Januar 1990 gestartet und trat im darauffolgenden März in eine geschlossene Umlaufbahn ein.

Wir wollen jetzt einmal sehen, was wir aus den verschiedenen Expeditionen erfahren können. Die äußerste Schicht des Mondes ist ziemlich locker und wird als Regolith bezeichnet. Tiefe Verwehungen gibt es zwar nicht, aber eine Menge Staub, der lästig sein kann, weil, wie Kommandant Cernan mir erzählte, »er überall eindringt«. Der Regolith ist unterschiedlich hoch – etwa einen Meter in den Maria und rund zwei in den Hochländern; in dem von Apollo 17 aufgesuchten Taurus-Gebiet schien er stellenweise 15,2 Meter tief zu reichen, in einigen Teilen der von Apollo 16 erkundeten Descartes-Region hingegen war die Schicht nur sehr dünn. Man nimmt allgemein an, daß es sich um durch Meteoriteneinschläge pulverisiertes Gestein handelt, da definitive Hinweise auf Einwirkungen von außen vorliegen.

Wie bei der Erde wurden auch beim

Mond eine Kruste, ein Mantel und ein Kern festgestellt. Kruste und Mantel sind dicker als bei uns, vermutlich deshalb, weil die Temperaturen tief im Innern des Mondes viel niedriger sind. Die Dicke der Kruste beträgt 48 bis 64 Kilometer, stellenweise eventuell mehr; darunter kommt der Mantel, der etwa 960 Kilometer tief reicht, und darunter wiederum die sogenannte Asthenosphäre, wahrscheinlich eine partiell geschmolzene Schicht. Der Kern mag wohl einen Durchmesser von 480 bis 640 Kilometer haben und ist vermutlich reich an Eisen. Die Temperatur scheint sich um 1650 Grad Celsius zu bewegen, was recht beträchtlich ist; die alte Vorstellung von einem durch und durch kalten Mond hat sich als falsch erwiesen.

Bei einem eisenhaltigen Kern könnte man ein Magnetfeld erwarten, aber bisher wurde keines gefunden. Andererseits gibt es anscheinend »örtliche« Gebiete mit magnetisierter Materie, und es kann gut sein, daß der Mond in der Vergangenheit ein Magnetfeld hatte, das inzwischen verschwunden ist. Kreisende Raumfahrzeuge haben mehrere magnetisierte Regionen lokalisiert, vor allem auf der Rückseite des Mondes im Bereich des Kraters Van de Graaff.

Ebenfalls von Satelliten wurden Gebiete aufgespürt, wo die Materiedichte unter der Oberfläche größer ist als üblich. Beim Überfliegen eines derartigen Gebietes wurden die Fahrzeuge nämlich erst beschleunigt und dann gebremst, variierten also in ihrer Geschwindigkeit;

Die äußerste Schicht des Mondes, der Regolith, ist ziemlich locker, wie man an den Fußabdrücken der Apollo-Astronauten sehen kann.

auf diese Weise konnten wir Mascons – Kurzwort aus dem englischen *mass concentration* = Massenkonzentration – unterhalb einiger Maria sowie mancher großer Wallebenen identifizieren. Mit Sicherheit sind dort keine Meteoriten vergraben, wie man zunächst glaubte; wahrscheinlicher sind Anhäufungen dichten Vulkangesteins.

Unsere Kenntnis über das Mondinnere beruht hauptsächlich auf den Seismometern oder »Mondbeben-Registriergeräten«, die von den Apollo-Astronauten aufgestellt wurden. Sie funktionieren ebenso wie normale Seismometer, können aber sensibler reagieren, da der Mond nach unseren Maßstäben sehr unbewegt ist – zum Beispiel gibt es keine Erschütterungen durch Lastwagen oder an die Küste schlagende Meereswellen. Mondbeben sind zahlreich, einige von ihnen oberflächlich, andere sehr tiefsitzend, alle jedoch nach unseren Maßstäben recht leicht; sie werden für zukünftige Mondbasen keine Gefahr darstellen.

Wie erwartet, wurden keinerlei unbekannte Elemente auf dem Mond gefunden, und das Gestein ähnelt im wesentlichen dem unseren und ist etwa gleich alt, obgleich es in manchen Fällen anders zusammengesetzt ist, weil es unter ganz unterschiedlichen Bedingungen erhärtete. Es gab einige äußerst interessante Momente, vor allem während der Apollo-17-Mission, als Dr. Schmitt etwas entdeckte, das zunächst als »orangefarbene Erde« bezeichnet und für das Resultat einer kürzlich erfolgten vulkanischen Tätigkeit gehalten wurde – sich jedoch zur allgemeinen Enttäuschung als Häufung kleiner, glasiger Partikel erwies, die über 3500 Millionen Jahre alt waren. Es existierte absolut keine Spur von Leben, weder vergangenem noch gegenwärtigem, und ebensowenig eine Materie, die in irgendeiner Form Wasser enthalten hätte, so daß der alte Science-Fiction-Gedanke, das Mondgestein aufzubrechen und ihm Feuchtigkeit zu entziehen, verworfen werden mußte. Die ersten Apollo-Astronauten kamen nach ihrer Rückkehr in strenge Quarantäne, um sicherzustellen, daß sie nichts Schädliches mitgebracht hatten, aber nach Apollo 14 wurde die Quarantäne fallengelassen, weil offenkundig geworden war, daß der Mond total keimfrei ist und dies auch immer war.

Mit der Rückkehr von Cernan und Schmitt im Dezember 1972 fand die erste Phase der Erforschung des Mondes ein Ende, aber jetzt ist die Rede davon, sich ihm erneut zuzuwenden.

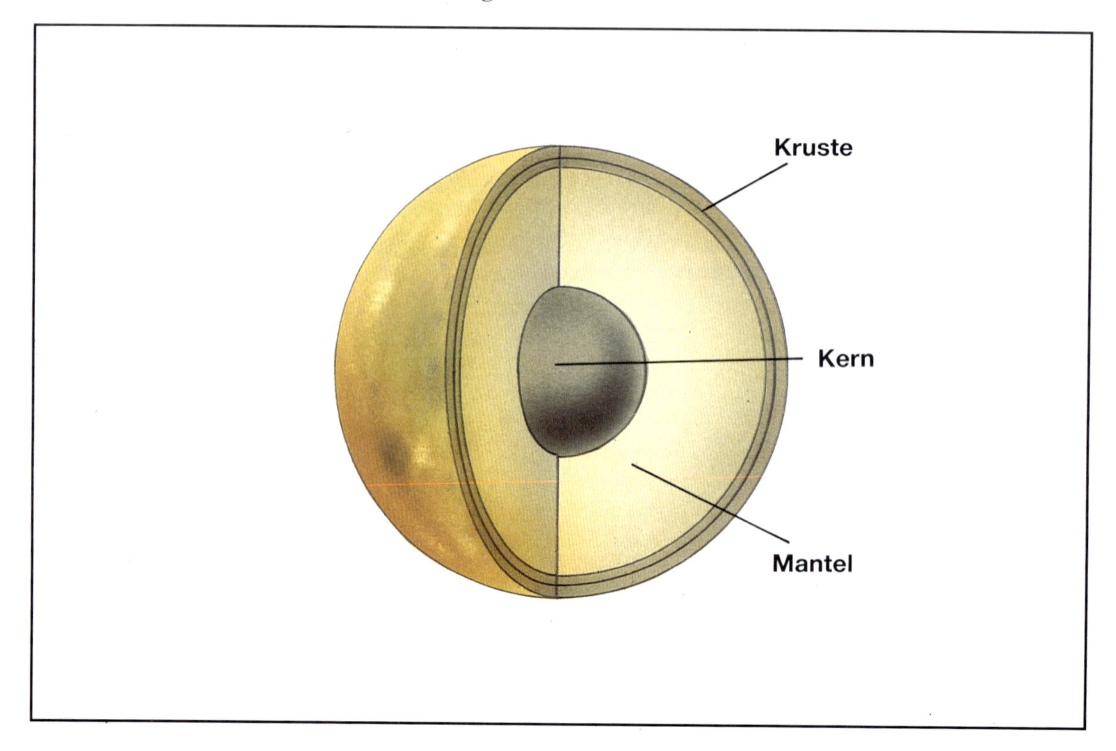

Der Aufbau des Mondes. Die lose obere Schicht, der Regolith, ist über den Meeren dünn, kann sonst aber bis zu 20 m dick sein. Darunter befindet sich bis in etwa 25 km Tiefe festeres Gestein, gefolgt von feldspatreichem, 35 km tief reichendem Felsen. Die nächsten 800 km sind wiederum von dichtem Material gekennzeichnet. Der Kern ist 1000 bis 1200 km dick.

Die Mannschaft von Apollo 11 in ihren Isolieranzügen bei der Ankunft an Bord der USS »Hornet« im Pazifik nach ihrer Rückkehr.

Die Mondbasis

Weltraumstationen existieren bereits (die russische Mir war die erste), und in wenigen Jahren werden es mehr sein, so daß eine Basis auf dem Mond der nächste Schritt ist. Bisher haben wir nur Aufklärungsflüge gemacht; Apollo konnte lediglich zwei Astronauten zum Mond entsenden, sie eine Zeitlang dalassen und dann wieder zurückholen. Dennoch waren die Apollo-Missionen von entscheidender Bedeutung, weil sie ein für allemal zeigten, daß der Mond ein für Menschen zugänglicher Ort ist. Wir haben nachgewiesen, daß sichere Landungen möglich sind, und wir waren in der Lage, Mondgestein zu analysieren – etwas, das vor Beginn des Weltraumzeitalters ausgeschlossen war; es wird behauptet, daß einige speziellen Meteoritentypen vom Mond stammen, aber der Beweis ist noch längst nicht erbracht.

Die gegenwärtige Stimmung faßte am 20. Juli 1989 Präsident George Bush zusammen. Es war der 20. Jahrestag der Apollo-11-Landung, und Bush verpflichtete die Vereinigten Staaten auf die Errichtung einer Mondbasis, obgleich er im Gegensatz zu Präsident Kennedys verbindlicher Zusage einer Mondlandung in den frühen 60er Jahren keinen definitiven Zeitplan vorgab (was auch mit Sicherheit unklug gewesen wäre!). Wir wollen nun sehen, welchen Nutzen eine Mondstation bringen könnte.

Zunächst ist der Mond natürlich offenkundig ein idealer Platz für ein Himmelsobservatorium. Dafür gibt es zwei Gründe: das Fehlen einer Atmosphäre und die geringe Schwerkraft. Durch Apollo wurde bestätigt, daß die Mondatmosphäre absolut unbedeutend ist; ihre Gesamtmasse entspricht in etwa der der Luft in einem großen Festsaal. Auf der Erde ist die Luft für den Astronomen ein echtes Problem; sie ist verunreinigt und veränderlich, und außerdem blockt sie einen Großteil der einfallenden Strahlung ab, so daß wir fast in der Lage eines Pianisten sind, der auf einem Klavier spielen soll, das lediglich die mittlere Oktave umfaßt. Um nur ein Beispiel zu geben, denke man sich Röntgenstrahlen,

Die einzigen Erfahrungen mit Langzeit-Raumflügen machten die Amerikaner in den frühen 70er Jahren mit dem Skylab. Die Missionen waren erfolgreich, obgleich die Raumstation beim Start beschädigt wurde. Dieses Photo zeigt Skylab 3, von Juli bis September 1973 im Einsatz.

Der von der europäischen Raumfahrtbehörde eingesetzte Satellit EXOSAT war von Mai 1983 bis April 1986 in Betrieb und führte in dieser Zeit detaillierte Beobachtungen von Phänomenen wie Galaxienkernen, der Korona von Sternen, Weißen Zwergen und Überresten von Supernovä durch.

die von zahlreichen Körpern im All ausgesandt werden. Sie können die oberen Luftschichten nicht durchdringen, und um sie zu studieren, müssen wir »hochsteigen«, was den Einsatz von Raketen erforderlich macht; die Röntgenastronomie konnte erst beginnen, als es entsprechend leistungsfähige Raketen gab, was vor 1963 nicht der Fall war. Dasselbe gilt für den größten Teil des gesamten Wellenlängenbereichs, den wir als »elektromagnetisches Spektrum« bezeichnen. Von der Erdoberfläche aus können wir lediglich das sichtbare Licht sowie eine gewisse Menge Infrarot- und Radiowellen untersuchen. Alles andere ist ausgeblendet.

Überdies ist das Licht, das die Atmosphäre durchdringt, immer »Erschütterungen« unterworfen, deshalb sehen wir Sterne flimmern. Es wird nie möglich sein, wirklich riesengroße Teleskope zu bauen. Derartige Beschränkungen existieren auf dem Mond nicht; selbst die Konstruktion ist dort wesentlich leichter, weil alles soviel weniger »wiegt«, denn die Gravitation des Mondes beträgt nur ein Sechstel der irdischen. Theoretisch gibt es keinen Grund, warum man nicht ein Teleskop mit einem Spiegel von mindestens 15 Meter Durchmesser aufstellen sollte, und ein vorläufiger Plan wurde auch schon entworfen.

Man vergleiche dies mit dem größten je auf der Erde gebauten Spiegelteleskop – einer Erfindung der Russen, 6 Meter messend und, um ehrlich zu sein, nie ein Erfolg – oder dem einzigen größeren Exemplar, das bisher in eine Umlaufbahn um die Erde gebracht wurde, dem HST oder Hubble-Space-Teleskop mit seinen bloßen 238 Zentimeter. Ein Mondteleskop, wie wir es uns vorstellen, könnte vierzigmal schwächere Objekte »sehen«

Der Hauptspiegel des Hubble-Space-Teleskops hat einen Durchmesser von 2,4 m und wiegt 820 kg. Nach seinem Start im Mai 1990 wurde festgestellt, daß der Spiegel Brechungsabweichungen aufwies und nicht die Auflösung erzielte, die man vorausgesagt hatte.

als das HST; man würde es auf ein Zehn-Pfennig-Stück auf der Erde richten und das Eichenlaub erkennen. Nach dem jetzigen Planungsstand wird der Hauptspiegel des Mondteleskops aus einzelnen Segmenten zusammengesetzt, um die richtige Krümmung zu erreichen. Auf der Erde ist man auch schon so vorgegangen, aber auf dem Mond wird es viel einfacher sein.

Man kann große Teleskope »bündeln«, so daß sich ihre Reichweiten miteinander vereinigen. Ein Aufgebot riesiger Fernrohre auf der Mondoberfläche wäre in der Lage, in die tiefsten Tiefen des Weltalls zu blicken und Systeme zu erkunden, die weit außerhalb unserer momentanen Reichweite von rund 14000 Millionen Lichtjahren liegen. Möglicherweise könnten wir feststellen, ob das »wahrnehmbare Universum« endlich ist oder nicht. Sterne wären als Scheiben anstatt als Lichtpünktchen sichtbar, und wir könnten Oberflächendetails auf ihnen erkennen; wir könnten sogar ihnen zugehörige Planeten entdekken – etwas, das vermutlich die Kräfte des HST übersteigt.

Die Montage des Mondteleskops könnte nach unseren Maßstäben ein

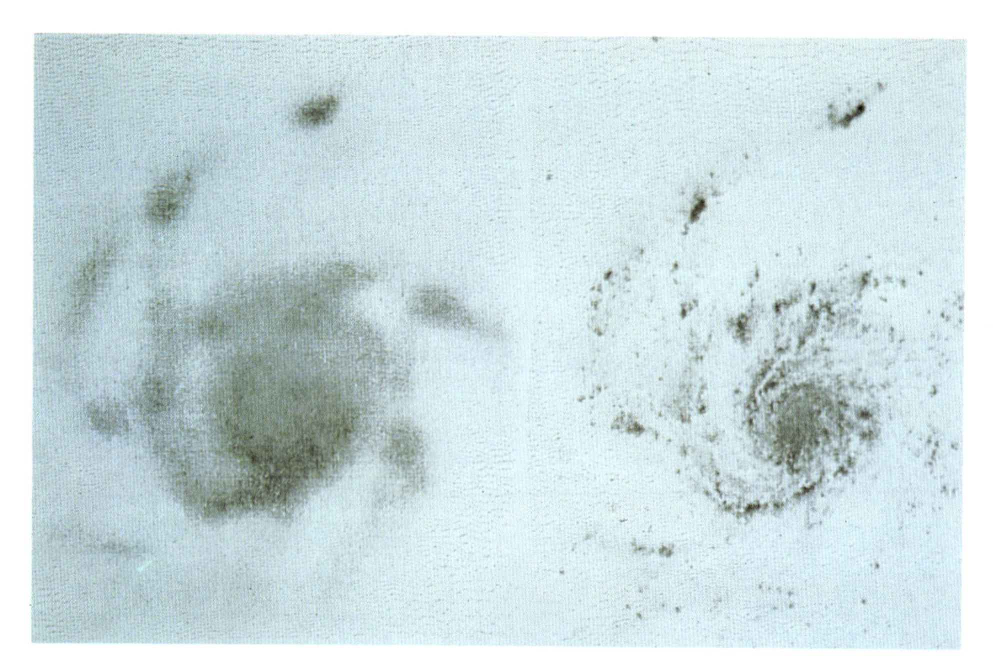

Oben: Dieses vom Computer vergrößerte Photo zeigt (links) eine Spiralgalaxie, wie sie durch ein Teleskop von der Erde aus erscheint und (rechts) so, wie sie mit dem Hubble-Space-Teleskop zu sehen sein wird.

Leichtes sein, und geeignete Konstruktionsmaterialien würden auf dem Mond nicht knapp. Ein weiterer Vorteil wäre die langsame Rotation des Mondes. Hätte ein Objekt erst einmal in den Himmel abgehoben, so würde es erst nahezu zwei Erdenwochen später wieder landen, eine große Hilfe für die Ingenieure.

Man hätte kein Problem mit Bodenbewegungen. In dieser Hinsicht ist der Mond hundertmillionenmal träger als die Erde. Selbst das stärkste Mondbeben würde nur winzigste Erschütterungen verursachen.

Auf der Erde ist das Streulicht zu einer Bedrohung geworden; in den 80er Jahren zum Beispiel mußte der 254 Zentimeter messende Reflektor von Mount Wilson in Kalifornien, jahrelang einer der leistungsfähigsten der Welt, zeitweise »eingemottet« werden, weil durch die Lichter von Los Angeles der Himmel für detaillierte astronomische Beobachtungen zu hell geworden war. Auch das Teleskop von Mount Palomar mit seinem Durchmesser von 508 Zentimeter wird durch die Lichter der Stadt San Diego beeinträchtigt. Sogar an sehr abgelegenen Orten – etwa auf dem Gipfel des Mauna Kea oder in der chilenischen Atacama-Wüste, wo zwei der weltgrößten Observatorien stehen – ist der Himmel nie vollkommen dunkel. Das liegt zum Teil an dem natürlichen Nachthimmelslicht, gegen das wir nichts tun können, aber auch an künstlichen Beleuchtungen. Auf dem Mond hat man dieses Problem nicht.

Ein besonderer Vorteil ergibt sich für die Radioastronomie. Langwellenstrahlungen aus dem All werden mit speziellen Instrumenten gemessen, die in Wirk-

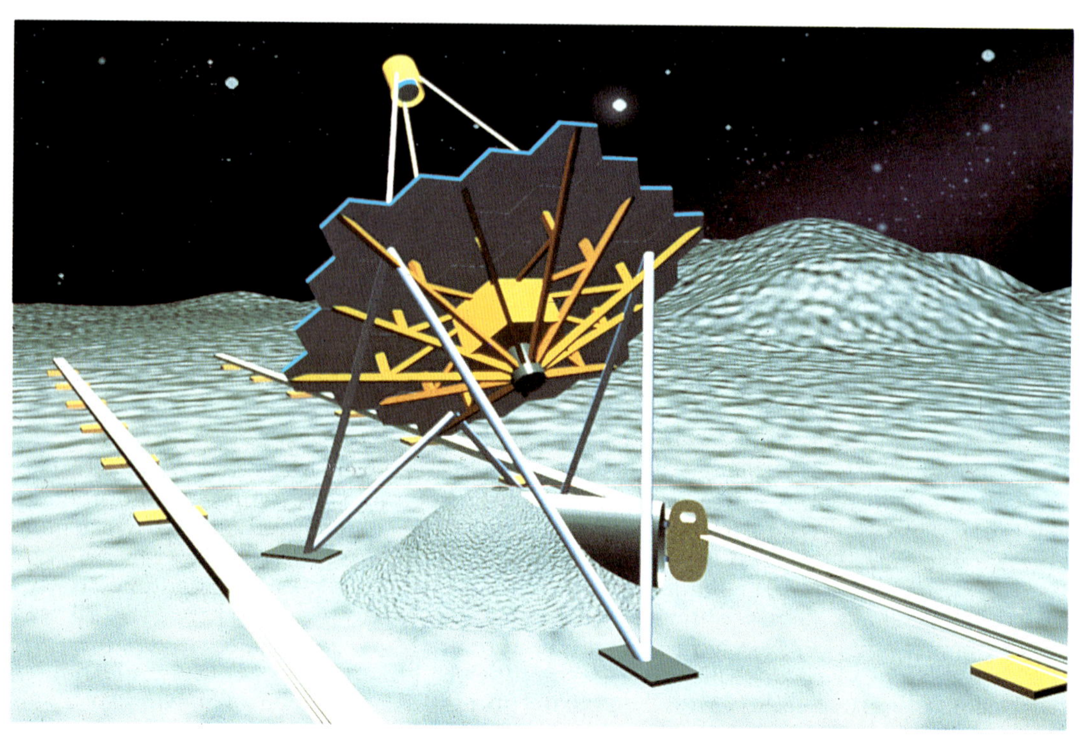

Rechts: Computergraphik mit dem Entwurf eines möglichen Mondteleskops.

lichkeit die Form großer Antennen haben, jedoch etwas irreführend Radioteleskope genannt werden. Am berühmtesten ist das 76,3-Meter-Gerät von Jodrell Bank in Cheshire, bekannt als Lovell-Teleskop zu Ehren von Professor Sir Bernard Lovell, einem führenden Wissenschaftler der 50er Jahre. Ein Radioteleskop produziert kein sichtbares Bild (man kann ganz sicher nicht hindurchschauen!), sondern macht eine graphische Aufzeichnung, aber es kann uns Informationen liefern, die wir auf keinem anderen Wege erhalten. Streulicht ist hier kein Problem, aber Rundfunkinterferenzen sind es, und zwar mit der Entwicklung von immer mehr kommerziellen und militärischen Sendern in zunehmendem Maße. Sir Bernard Lovell ging sogar soweit, zu sagen, wenn man nicht etwas unternähme, würde die Radioastronomie von der Erde aus als Wissenschaft auf die zweite Hälfte des 20. Jahrhunderts beschränkt bleiben.

Der Mond ist eindeutig ein besserer Standort – vor allem die stets von der Erde abgewandte Rückseite, wo keinerlei Radiostörungen vorkommen und die Gravitation gering ist. Radioteleskope mit einem Durchmesser von mehreren Kilometern sind nicht unvorstellbar. Ein solch gigantisches Instrument, vielleicht in einem Mondkrater errichtet, hätte eine Leistungsstärke, die über alles hinausginge, was auf der Erde oder einer Weltraumstation denkbar ist. Es wäre natürlich absolut stabil und könnte wiederum mit anderen Geräten kombiniert werden. Eine Möglichkeit wäre die, ein Radioteleskop auf dem Mond mit einem auf der Erde zu verbinden, so daß wir eine Grundlinie von 400000 Kilometern abgedeckt hätten.

Schon länger forscht man nach künstlich erzeugten Signalen aus dem All. (Den ersten Versuch machten vor 30 Jahren Radioastronomen in Green Bank, West Virginia; das Experiment war offiziell als Projekt Ozma, benannt nach dem berühmten Zauberer von Oz, inoffiziell jedoch als das Kleine-grüne-Männer-Projekt. Die Resultate waren negativ.) Es ist schwer zu glauben, daß das Leben auf der Erde einmalig ist; wenn wir uns einen erdartigen Planeten vorstellen, der um einen sonnenartigen Stern kreist, warum sollte es doch nicht Leben wie bei uns geben? Und wenn diese »anderen Menschen« sich ähnlich entwickelt und nicht mit Atombomben in die Luft gesprengt haben (wie wir gegenwärtig Gefahr laufen), könnten sie auch Radioteleskope besitzen. Natürlich sind wir noch dadurch beschränkt, daß Radiowellen nur eine Geschwindigkeit von 300000 Kilometern pro Sekunde haben und Jahre brauchen, um von der Erde

Das Radioteleskop von Jodrell Bank bei Manchester, England, heute unter dem Namen Lovell-Teleskop bekannt.

Am 26. Januar 1983 wurde der Infrarotsatellit IRAS gestartet, um die Infrarotstrahlung des Weltraums zu sondieren. 95 Prozent des Himmels wurden durchmustert, bevor das aus flüssigem Helium bestehende Kühlmittel des Teleskops aufgebraucht war.

auch nur zum nächsten Stern zu gelangen, aber die Kommunikationsmöglichkeiten existieren.

Manche Instrumente, etwa diejenigen, die Infrarotstrahlen aus dem Weltraum empfangen, müssen auf sehr niedrige Temperaturen von nur einem oder zwei Grad über dem absoluten Nullpunkt – minus 273 °C – gekühlt werden. Auf der Erde oder im All geschieht dies mit Hilfe von flüssigem Helium, das schwierig zu handhaben ist und schnell verdunstet, so daß kein Infrarot-Teleskop lange im Weltraum überdauern kann, bevor es zu »heiß« wird. Auf dem Mond gibt es in der Nähe seiner Pole Krater, auf deren Böden überhaupt kein Sonnenlicht fällt, weil sie permanent im Schatten liegen. Das bedeutet, daß sie fast unvorstellbar kalt sind und ein dort errichtetes Infrarot-Teleskop nicht mehr zusätzlich gekühlt werden müßte.

All dies mag reizvoll klingen, ist jedoch, ganz abgesehen von der Frage des Transports, auch mit Problemen verbunden. Aufgrund der fehlenden Mondatmosphäre gibt es keinerlei Schutz gegen kleine Meteoritenteilchen, die dort ständig die Oberfläche bombardieren dürften. In unserer Luft verglühen Sternschnuppen, und noch kleinere Partikel (Mikrometeoriten), die zu winzig sind, um ein Leuchten hervorzurufen, werden abgebremst; auf dem Mond wird man eine Möglichkeit finden müssen, Teleskopspiegel gegen Einschläge abzuschirmen. Auch ein Schutz gegen schädliche Strahlung existiert nicht, und mit kosmischer Strahlung müssen wir ebenfalls rechnen, da der Mond kein Magnetfeld hat, das sie ablenkt. Außerdem besteht ein ungeheurer Unterschied zwischen Tages- und Nachttemperaturen, und die Geräte werden einer großen Wärmebelastung ausgesetzt sein, wenn man sie nicht in den permanent schattigen Gebieten aufstellt.

Die Astronomie wird bei weitem nicht als einzige Wissenschaft von einer Mondbasis profitieren. Als Standpunkt für ein Physik- und Chemielabor ist der Mond nicht zu übertreffen, und auch medizinische Forschungseinrichtungen sind denkbar, die vielleicht sogar dazu führen, daß wir Krankheiten wie Krebs in den Griff bekommen, die heute noch so viele Menschenleben fordern. Und die Basis wird nur einen Bruchteil dessen kosten, was für den Zweiten Weltkrieg aufgewendet wurde!

Links: Zwei Ansichten des Andromeda-Nebels, das obere mit einem optischen Teleskop, das untere mit einem Infrarotteleskop IRAS aufgenommen.

Es wird zu einem steigen Raumfahrzeugverkehr zwischen Erde und Mond kommen, was vermutlich den Einsatz von Raketen bedeutet. Auch wurde vor-

Links: So stellt sich ein Künstler den möglichen Aufbau einer Mondbasis vor. Wahrscheinlich wird im frühen 21. Jahrhundert der Schwerpunkt eher auf Weltraumstationen als auf Mondbasen liegen.

Ein früher NASA-Entwurf für eine Mondbasis.

geschlagen, nichtzerbrechliche Güter mit »Weltraumkanonen« vom Mond zu schießen, und dies scheint nicht ausgeschlossen.

Ein kommerzieller Abbau von Mondgestein ist recht unwahrscheinlich, zum einen wegen der Schwierigkeiten beim Rücktransport und zum anderen, weil es nicht so aussieht, als gäbe es dort etwas Wertvolles zu gewinnen. Es ist auch nicht darauf zu hoffen, daß sich der Mond in eine Art zweite Erde umwandeln läßt. Wir können ihm keine Atmosphäre verschaffen, und selbst dann wäre der Mond nicht in der Lage, sie festzuhalten. Wir müßten nach unserer Ankunft ständig in unserem Raumfahrzeug, in unseren Weltraumanzügen oder in der mit Druckausgleich versehenen Basis verbleiben.

Wie die Mondstation aussehen wird, ist noch offen. Pioniere wie Wernher von Braun stellten sich zierliche Kuppen vor, die durch den atmosphärischen Druck im Innern aufrechtgehalten würden und Luftschleusen hätten, so daß die Kolonisten normalerweise ihre Alltagskleidung tragen könnten; dies mag in etwa die Realität treffen, aber wir sind uns wohl darin einig, daß die Anzahl der auf dem Mond lebenden Menschen immer gering sein wird. Auf diese Weise können wir unser Problem der Überbevölkerung nicht lösen.

Es ist jedoch bereits die Rede von »Ferien auf dem Mond«. Dazu kommt es vielleicht wirklich einmal; in zukünftigen Jahrhunderten wäre ich nicht überrascht, Anzeigen für Ausflüge zur Langen Wand oder ins Mond-Alpental zu sehen. Zumindest ist anzunehmen, daß wir schon in nicht allzu langer Zeit über eine Mondbasis verfügen werden, so daß es dann in diesem Sonnensystem zwei bewohnte Welten anstatt nur einer gibt.

Die Zukunft der Erde

Vom kosmischen Standpunkt aus sind entscheidende Ereignisse für eine sehr lange Zeit nicht zu erwarten. Eine leichte Änderung der Umlaufbahn der Erde oder der Neigung ihrer Achse und vielleicht geringfügige Variationen der Sonnenaktivität könnten eine erneute Eiszeit hervorrufen. Es besteht immer die Gefahr eines Einschlags durch einen wandernden Asteroiden, doch auch damit würden wir zweifellos besser fertig als die Dinosaurier. Natürlich ist es möglich, daß ein dritter Weltkrieg die ganze Erde permanent unbewohnbar macht, aber das wäre dann unsere eigene Schuld, während wir bei der Schädigung der Ozonschicht durch unsere Chemikalien und beim Treibhauseffekt durch Kohlendioxyd noch Spielraum haben, um die Dinge in Ordnung zu bringen. Die wirkliche Gefahr geht auf lange Sicht von der Sonne selbst aus.

Als sie vor rund 5000 Millionen Jahren ihre jetzige Existenzform annahm, war die Sonne nicht so hell wie heute. Sie erhitzte sich allmählich, und die Temperaturen im inneren Teil des Sonnensystems stiegen, mit unterschiedlichen Auswirkungen auf die Planeten, an. Der Merkur hatte nie genug Masse, um eine nennenswerte Atmosphäre auszubilden, aber Venus und Erde könnten zunächst auf ähnliche Weise Ozeane, Atmosphären und sogar primitive Lebewesen entwickelt haben. Als die Strahlkraft der Sonne zunahm, war die Erde ausreichend weit entfernt, um den schlimmsten Folgen zu entgehen, die Venus hingegen, ihr mehr als 30 Millionen Kilometer näher, nicht – so daß dort die Meere verdunsteten, die Kohlensäuren aus dem Gestein entwichen und es zu einem unaufhaltsamen Treibhauseffekt kam, der die Venus in relativ kurzer Zeit in die brennofenheiße Welt verwandelte, die sie heute ist, und in der jedes Leben unbarmherzig ausgelöscht wurde. Es ist ein ernüchternder Gedanke, sich vorzustellen, daß mit der Erde, wäre sie der Sonne nur etwas näher gewesen, dasselbe hätte passieren können.

Unsere Welt aber blieb unversehrt, und das wird sie sein, solange die Sonne ihren gegenwärtigen Zustand beibehält. Leider kommt irgendwann die Zeit, da der »Brennstoffvorrat« an Wasserstoff aufgebraucht ist und die Sonne ihre ganze Struktur ändern wird.

Das erste Alarmzeichen wird ein deutliches Anwachsen der Helligkeit sein, während alle möglichen Reaktionen einsetzen, durch die der Kern der Sonne kontrahiert und sich weiter erhitzt. In mehreren 1000 Millionen Jahren wird sich das Klima auf der Erde so verändert haben, daß die Hudson Bay und Nordnorwegen dann so warm sind wie heute Mexiko und die Äquatorregion, so heiß, daß dort Leben kaum noch möglich ist. Die Aufheizung wird sich fortsetzen, bis die Oberflächentemperatur auf 100 Grad gestiegen ist, so daß die Ozeane

Der Helix-Nebel. Dieses schwach leuchtende Objekt ist mit 400 Lichtjahren Entfernung der der Erde nächstgelegene planetarische Nebel. Die äußere rote Hülle wird durch ionisierten Wasserstoff und Stickstoff gebildet, Materie, die vom Zentralstern abgeworfen wurde. Dasselbe Schicksal wird vermutlich in ferner Zukunft unsere Sonne ereilen.

Der planetarische Nebel NGC 6302. Die Explosion des Zentralsterns in diesem Nebel war besonders heftig, und die Gase werden mit einer Geschwindigkeit von rund 400 km/s ausgestoßen.

verdunsten. Wann dies genau geschehen wird, wissen wir nicht sicher, möglicherweise schon in 4000 Millionen Jahren. Es kann auch erheblich länger dauern, aber früher oder später wird die Sonne zum Roten Riesen. Dann hat die Erde keine Chance zu überleben.

Das ist noch nicht alles. Auf dem Höhepunkt ihrer Strahlkraft wird der Durchmesser der Sonne hundertmal größer sein als heute – das heißt, er beträgt dann mindestens 130 Millionen Kilometer, so daß sie den Merkur und die Venus und wahrscheinlich auch die Erde schlucken wird. Auf jeden Fall wird die Erde verdampfen, und selbst die äußeren Planeten werden stark erhitzt. Als nächstes wird die Sonne instabil und verändert ihre Energieproduktion, bevor sie ihre äußeren Schichten ganz abwirft und zu einem sogenannten planetarischen Nebel wird – eine eigentlich falsche Bezeichnung, weil ein Stern in diesem Stadium absolut nichts mit einem Planeten zu tun hat und auch kein richtiger Nebel ist. Die äußeren Schichten zerstreuen sich anschließend in den Weltraum, so daß von der Sonne nur noch ein total kollabiertes Materiepaket übrigbleibt. Sie wird zu einem Weißen Zwerg, einer Kugel, nicht größer als Uranus oder Neptun.

Ihre Lichtstärke wird inzwischen auf weniger als ein Tausendstel des heutigen Wertes gesunken sein und weiter absinken, weil die Sonne keinen Brennstoff mehr hat und ausgeglüht ist. Im letzten Stadium ist sie dann ein total erkalteter Schwarzer Zwerg, nach wie vor umkreist von den gespenstischen Überresten seiner ehemaligen Planeten.

Dies ist ein recht düsteres Bild, wenn wir uns auch damit trösten können, daß das Stadium des Weißen Zwerges in frühestens 5000 Millionen Jahren eintreten wird. Das Muster scheint jedoch festzustehen; wir sehen zwar nicht die Veränderungen eines alternden Sterns, aber wir können Sterne in verschiedenen Evolutionsstadien beobachten und daraus auf ihre Entwicklung schließen. Wir sehen ganz junge Sterne, die aus Gaswolken entstanden sind und noch unregelmäßig flackern, während sie sich verdichten; wir sehen zahlreiche Sterne, die in dem gleichen Zustand sind wie die jetzige Sonne; wir sehen Rote Riesen wie Beteigeuze im Orion, die sich aufgebläht haben, nachdem ihr Wasserstoffvorrat aufgebraucht ist, und wir sehen planetarische Nebel, so den Ringnebel in der Leier, dessen kleiner, heißer Zentralstern von einer Gashülle umgeben ist, so daß der Eindruck eines winzigen, leuchtenden Fahrradreifens entsteht. Weiße Zwerge sind zahlreich, obgleich sie so schwach scheinen, daß wir sie nur erkennen, wenn sie einigermaßen nahe sind. Das berühmteste Beispiel ist der Begleiter des Sirius, dem hellsten Stern am Himmel, der nur 8,6 Lichtjahre entfernt liegt und uns von allen hellen Sternen, abgesehen von Alpha Centauri im Süden, am nächsten ist. Sirius selbst hat die 26fache Leuchtkraft der Sonne; sein Begleiter, der Weiße Zwerg, besitzt nur 1/10000 seiner Helligkeit und einen Durchmesser von lediglich 38600 Kilometer. Das bedeutet, daß er die mindestens 60000fache Dichte von Wasser hat und ein Löffelvoll seiner Materie viele Tonnen wiegen würde. Mit seiner Herrlichkeit ist es vorbei; in der Vergangenheit muß er ein gewaltiger, lichtstarker roter Riese gewesen sein.

Die einzigen Mitwirkenden in diesem Stück, die wir nicht sehen können, sind die Schwarzen Zwerge. Das ist auch nicht zu erwarten, da sie absolut keine Energie abstrahlen, aber es ist sowieso keineswegs sicher, daß das Universum in seiner gegenwärtigen Form lange genug existiert, als daß sich Schwarze Zwerge hätten bilden können. Um dieses Stadium zu erreichen, brauchen Sterne eine enorme Zeitspanne – möglicherweise länger als die 15000 bis 20000 Millionen Jahre seit dem Urknall.

Fragen wir uns zum Schluß, ob wir unserem Schicksal entkommen können. Gewiß ist nicht darauf zu hoffen, daß sich die Evolution der Sonne ändern läßt, aber vielleicht gibt es andere Möglichkeiten. In ein paar 1000 Jahren haben wir uns von der Fertigung von Steinäxten bis zur Entsendung von Raketen zu den Planeten weiterentwickelt, so daß es, wenn wir noch mehrere 1000 Millionen Jahre ungestört bleiben, keine Leistungsgrenze gibt.

Es mag absurd erscheinen, die Erde aus ihrer Umlaufbahn herauszubewegen oder sie mit einer anderen Wärmequelle als der Sonne zu versorgen, aber – wer weiß?

Eines Tages wird die Erde in wenigen Sekunden in einer lautlosen Explosion von Licht untergehen, wenn die Sonne mit einem letzten, verheerenden Ausbruch ihre äußeren Schichten abwirft.

DATEN ZUR ERDE

Äquatordurchmesser:	12755 km
Polardurchmesser:	12700 km
Entfernung von der Sonne:	maximale Entfernung 152239,78 km mittlere Entfernung 149595,70 km minimale Entfernung 147090,02 km
Neigung der Achse:	23° 441
Rotationsperiode:	23 h 56 min 4 s
Umlaufzeit um die Sonne:	365,256 Tage
Fluchtgeschwindigkeit:	11,16 km/s
Mittlere Umlaufgeschwindigkeit:	29,7 km/s
Masse:	$5{,}974 \times 10^{24}$ kg
Mittlere Dichte:	5,517
Verlängerung eines Tages infolge der Gezeiten:	0,0007 s pro Jahrhundert
Alter:	4600 Millionen Jahre

DATEN ZUM MOND

Durchmesser:	3476 km
Entfernung von der Erde:	maximale Entfernung 406767 km mittlere Entfernung 384460 km minimale Entfernung 356395 km
Neigung der Achse:	1° 32′
Rotationsperiode:	27,321 Tage
Umlaufzeit um die Erde:	27,321 Tage
Synodische Umlaufzeit (von Neumond bis Neumond):	29 Tage 12 Std. 44 min
Fluchtgeschwindigkeit:	2,38 km/s
Mittlere Umlaufgeschwindigkeit:	0,96 km/s
Masse im Verhältnis zur Erde:	0,012 (1/81)
Volumen im Verhältnis zur Erde:	0,02
Oberflächengravitation im Verhältnis zur Erde:	0,165
Mittlere Dichte:	3,342
Durchmesser der von der Erde aus sichtbaren Mondscheibe:	maximal 33′ 31″ im Mittel 31′ 5″ minimal 29′ 22″

DATEN ZU DEN PLANETEN

Name	Mittlere Entfernung von der Sonne in Millionen Kilometer	Umlaufzeit	Rotationsperiode	Äquatordurchmesser	Masse im Verhältnis zur Erde	Fluchtgeschwindigkeit	Anzahl der Monde
Merkur	57,9	88 Tage	58 T 15 Std.	4875 km	0,06	4,18 km/s	0
Venus	107,8	224,7 Tage	243 Tage	12105 km	0,82	6,4 km/s	0
Erde	149,6	365,3 Tage	23 Std. 56 min	12753 km	1	11,2 km/s	1
Mars	227,7	687 Tage	24 Std. 37 min	6787 km	0,11	4,8 km/s	2
Jupiter	777,1	11,86 Jahre	9 Std. 51 min	143883 km	318	59,5 km/s	16
Saturn	1425,5	29,4 Jahre	10 Std. 39 min	125536 km	95	35,4 km/s	17
Uranus	2868,8	84 Jahre	17 Std. 14 min	51118 km	15	22,5 km/s	15
Neptun	4494	164,8 Jahre	16 Std. 3 min	50539 km	17	24,1 km/s	8
Pluto	5899	247,7 Jahre	6 T 9 Std.	1929 km	0,002	1,13 km/s	1

Register

Kursive Ziffern verweisen auf Abbildungen

Aldrin, Edwin 75, *75*
Alpha Centauri 93
Alpen (Mond) 63, 67, *69*, 90
Alvarez, Luis 30
Anaximander, Astronom 53
Andromeda-Nebel *89*
Apennin (Mond) 63, 67, *69*, 77
Apollo-11 13, *13*, 21, 75, *75*, *81*, 82
Apollo-12 77
Apollo-13 77
Apollo-14 77, 80
Apollo-15 *71*, 77
Apollo-16 77/78
Apollo-17 *73*, 77/78, 80
Arago, François 65
Aristarch, Astronom 54
Armstrong, Neil 75/76
Arzachel, Mondebene 70
Asosan, Berg (Japan) 38
Asteroiden 7, 9, 18, 30
Asthenosphäre 79
Atacama-Observatorium (Chile) 86
Ätna, Vulkan (Italien) 40
Aurora Australis 46
Aurora Borealis *45*, 46

Bean, Alan 76/77
Bedeckungen 58
Beer, Wilhelm 65
Beteigeuze (Orion) 93
Big-Bang-Theorie 14, 23
Brachiosaurus 28
Braun, Wernher v. 47, *47*, 49
Brontosaurus 28
Bruno, Giordano 35
Bush, George 82

Canopus 34
Ceres 9
Cernan, Eugene 77, 80
Charon 9
Collins, Michael 77
Conrad, Charles 76/77

Darwin, Charles 17, 20
Darwin, George 20, *21*
Deimos 20
Devon 25, 27
Diplodocus 28
Drachen, Sternbild 7
Draper, J. W. 65
Duke, Charles 77

Eiszeiten 23/24, 27, 30, *31*, 33, 91
Eklipsen 55–58, *56*, *58*
Eozän 24
Eratosthenes, Philosoph 34
–, Krater *69*
Erde, detaillierte Angaben 94
Erdbeben 35/36, 62
Eta-Carinae-Nebel *14*
Europa *8*
EXOSAT *84*
Exosphäre 44
Explorer-I 49

Gagarin, Juri *50*, 51
Galilei, Galileo 35, 63, 68
Ganymed *8*
Gerade Wand (Mond) 69, 72
Gezeiten 59–62
Goddard, Robert H. 47, *47*
Großer Bär, Sternbild 7
Green-Bank-Observatorium (Virginia, USA) 87

Haemus-Berge (Mond) 68
Hagomoro-I 78
Haise, Fred 77
Halemaumau, Vulkan (Hawaii) *24*, 40
Halleyscher Komet 11, *11*
Harriot, Thomas 63
Helix-Nebel *91*
Herschel, John 65
–, William 64/65
Hevelius, Johann 63, *63*
Holozän, geologische Periode 25
Hoyle, Fred 18
Hubble-Space-Teleskop 51, *52*, 84/85, *85/86*

Ibrahim, Farouk Mohamed 17
Ikeya-Seki-Komet *10*
International Astronomical Union 67
Io, *8*, 42
Ionosphäre 44/45
IRAS *88/89*
Irwin, James 77, *77*

Jeans, James 18
Jodrell-Bank-Radioteleskop (England) 87, *87*
Jupiter 7, 9, 12, 18, 37, 42
–, detaillierte Angaben 94
Jura, geologische Periode *26*, 28

Kallisto *8*
Kambrium, geologische Periode 23–25
Karbon, geologische Periode 25, 27
Karkar, Insel (Papua-Neuguinea) *22*
Karpathen (Mond) 67

Kennedy, John F. 82
Kepler, Mondkrater *72*
Kilauea, Vulkan (Hawaii) 40, *40*
Kleine Eiszeit 32
Kolumbus, Christopher 24, 34, 56
Kometen 11, 18
Kopernikus, Nikolaus 34, *35*, 63
Krakatoa, Vulkan (Indonesien) 42, 56

Laplace, Pierre Simon de, Astronom 17
Lardner, Dionysius 75
Lichtjahre 7
Lovell, Bernard 87
–, James 77
Luna, Raumfahrzeug 78
Lunik, Raumfahrzeug 66
Lunar Orbiter, Raumfahrzeug *50*, *66*, *70*
Lunochod, Mondauto 78, *78*

Mädler, Johann 65
Magnetosphäre *37*
Mare Crisium 67, 70, 78
Mare Fecunditatis 73, 78
Mare Frigoris 67
Mare Humorum 67
Mare Imbrium 67, 69/70, 73
Mare Nectaris 67, 70
Mare Nubium 67, 70, 72, 77
Mare Serenitatis 65, 67/68, *69*, *73*, 77
Mare Tranquillitatis 63, 67, 75
Mare Vaporum 71
Mars 7, 9, 13, 20, 37, 42
–, detaillierte Angaben 94
Mauna Kea, Vulkan (Hawaii) 40, 86
Mauna Loa, Vulkan (Hawaii) 40
Meer (Mond), siehe Mare
Mendenhall, Gletscher (Alaska) *31*
Mercury, Raumfahrzeug *51*
Merkur 7, 9, 13, 37
–, detaillierte Angaben 94
Mesosphäre 44
Mesozoikum, geologische Periode 25, 27/28
Meteor-Krater (Arizona/USA) 11
Meteore, Meteoriden, Meteoriten 11, 18, 23, *23*, 30, 45, 73, 82, 88
Milankovich, Milutin 30
Miozän 24/25
Mir, Raumfahrzeug 82
Mississippi, geologische Periode 24
Mitchell, Thomas 77
Mohorovičić-Diskontinuität 36
Mond, detaillierte Angaben 94
–, Berge 63, 67
–, Dome 72
–, Krater 63–74, *66*, *72*, 77–79
–, Meere 13, 63, 65, 67/68, 70–73, 75, 77/78
–, Phasen *54*
–, Rillen 71, *71*

–, Strahlen 72
–, Verwerfungen 71
Mount Wilson (Kalifornien/USA) 86

Namafjall, Berg (Island) *33*
Nebular-Hypothese von Laplace 17/18
Neptun 7–9, 37
–, detaillierte Angaben 94
Newton, Isaac 35, *35*

Oceanus Procellarum (Mond) 63, 67, 70, 72, 77/78
Oligozän, geologische Periode 24/25
Olympus Mons (Mars) 42
Orbiter, Raumsonde 66
Ordovizium, geologische Periode 24/25
Origin of Species, The, Darwin *17*
Orion, Sternbild 7

Paläozoikum, geologische Periode 25, 27
Palomar-Observatorium (Kalifornien/USA) 86
Paricutin, Vulkan (Mexiko) 38/39
Paula Gruithuisen, Franz v. 65/66
Pennsylvania, geologische Periode 24
Perm, geologische Periode 25, 27/28, *28*, 30
Phobos 20, *20*
Pickering, W. H. 21, 66
Planetarischer Nebel NGC-6302 *92*
Plato, Mondkrater 64, 67, 70
Pleistozän, geologische Periode 25, 30
Plesiosaurus 28
Pliozän 24/25
Plutarch, Historiker 54
Polarlicht 46
Pompeji 37, *39*
Präkambrium, geologische Periode 24/25, 27, 74
Principia mathematica, Newton 35
Projekt Ozma 87
Proxima Centauri 18
Pterodactylus *27*, 28
Ptolemäus, Mondkrater 70
–, Mathematiker *34*, 35

Quartär, geologische Periode 25

Rhea Mons (Venus) 42
Rheita-Tal (Mond) 71
Riccioli, Giovanni Battista 63, *63*
Ringnebel (Sternbild Leier) 93

San-Andreas-Graben 36, *37*
Santorin, Griechenland 40, *41*, 42
Saros-Zyklus 56
Saturn 7, 9, 12, 18, 43, 57
–, detaillierte Angaben 94
Schmidt, Julius 65
Schmitt, Harrison *12*, 77, 80
Schröter, Johann H. 64/65, *64*, 68, 71
Scopes, Thomas 17
Scott, David 77
Shark-Bay (Australien) *23*
Shepard, Alan *51*, 77
Silur, geologische Periode 25, 27
Sinus Iridum (Mond) 63
Sirius 93
Sonnenflecken 32
Sputnik-I, Raumfahrzeug 47
Stratosphäre 44
Stromboli, Vulkan (Italien) 40
St. Helens, Vulkan (USA) 42, *42*
Surtsey, Vulkan (Island) 38/39
Swigert, John 77

Tertiär, geologische Periode 24/25, 30
Theia Mons (Venus) 42
Thera Santorin, Vulkan (Griechenland) 42
Thermosphäre 44
Titan *8*
Trias, geologische Periode 25, 28
Trifid-Nebel M-20 *19*
Tropopause 44
Troposphäre 44
Tycho, Mondkrater 67, 72/73
Tyrannosaurus Rex 28, 30, *30*

Uranus 7–9, 37
–, detaillierte Angaben 94
Urknall-Theorie 14, 23
Ussher, James 17

V-2, Rakete 47, *47*
Van Allen, James 51
Van-Allen-Gürtel *37*, *49*, 51
Van de Graaff, Mondkrater 79
Venus 7–9, 37, 42
–, detaillierte Angaben 94
Verfinsterungen 58
Verwerfungen (Mond) 71/72
Vesta 9
Vesuv, Vulkan (Italien) 37, *38*, 40

Wegener, Alfred 33
West, Richard 11
West's Komet 11
Wickramasinghe, Chandra 23
Wolf-Krater (Westaustralien) *9*
Wostok, Raumfahrzeug *50*

Xenophanes, Astronom 53

Young, John 77

Ziolkowskij, Konstantin Eduardovich 47, 66
Zodiakal-Licht 46

BILDNACHWEIS

Anglo-Australian Telescope Board: 14, 19, 91, 92.
Australian Overseas Information Service, London: 9.
Brian Trodd Publishing House: 46, 47 unten.
D. Berry: 18, 86 unten.
European Space Agency: 11, 84, 93.
IKI: 20.
J. Allan Cash Ltd.: 8, 10, 15, 16, 22, 24, 29, 31, 32 unten, 34 oben, 40, 41, 47 oben, 55, 62, 79, 87.
Jennifer Feller: 33.
JPL: 88, 89 oben.
NASA: 2, 3, 4, 5, 21, 37 unten, 43, 49, 52, 53 links, 65, 68, 69 unten, 73, 74, 75, 77, 81, 85, 86 oben, 90.
Nicholas Booth / NASA: 12.
Nikk Burridge: 61 oben.
Patrick Moore Collection: 23 unten, 32 oben, 38, 39, 42, 56, 59, 63, 64, 66, 69 oben, 70, 72, 78, 82/83.
Paul Doherty: 17, 28, 48, 50, 51, 57, 58 oben, 60, 61 oben, 80, 89 unten.
RIDA: 26.
Science Photo Library: 23 oben, 27, 30, 34 unten, 35 oben/unten, 37 oben, 42 unten, 45 unten, 53 rechts, 58 unten, 61 unten.
Starland Picture Library: 45 oben.
TRH / NASA: 71.